2021年高校优秀青年人才支持计划重点项目
项目编号gxyqZD2021062

人工智能与室内设计软件教学研究

沈婷 轩德军 著

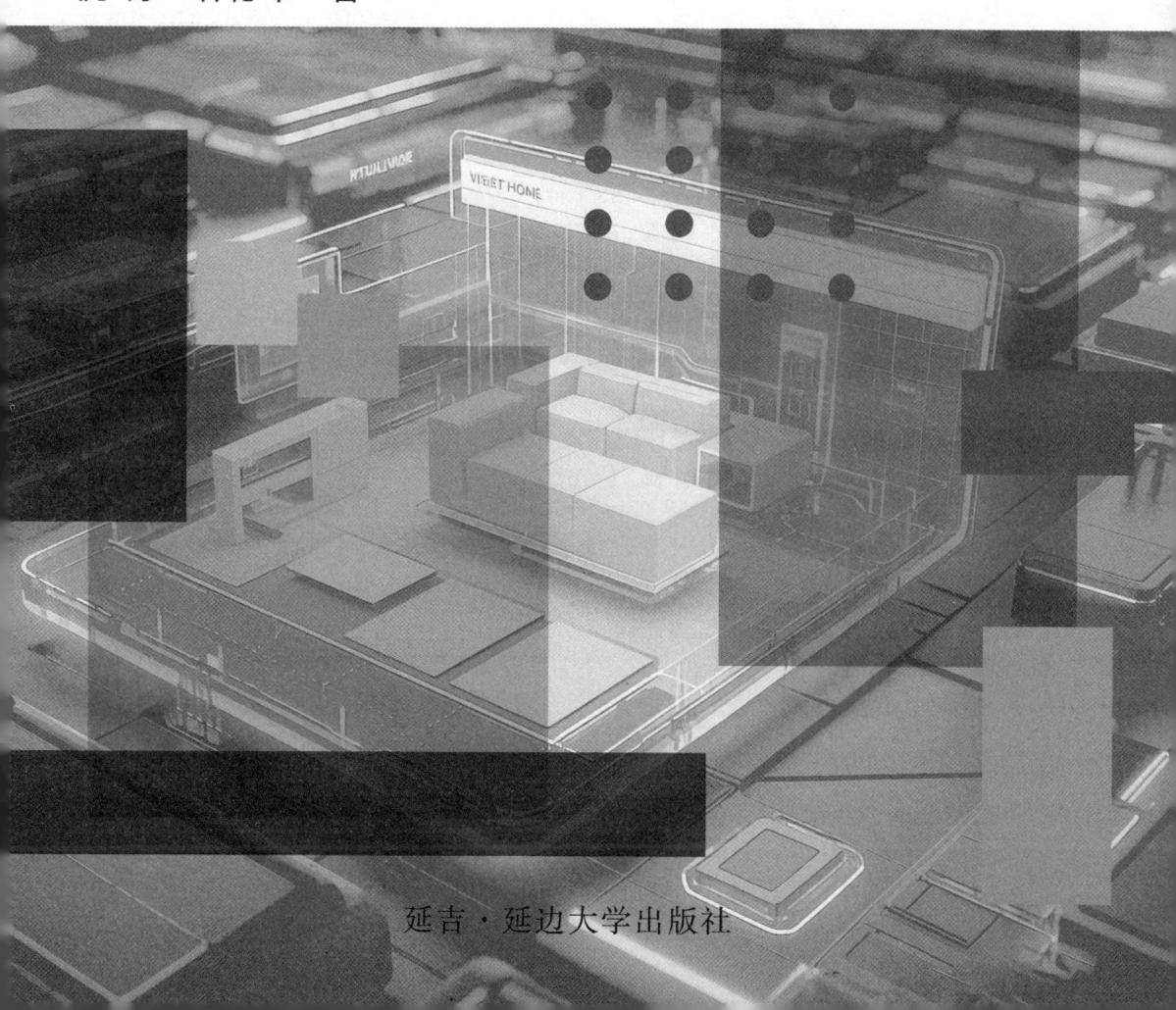

延吉·延边大学出版社

图书在版编目（CIP）数据

人工智能与室内设计软件教学研究 / 沈婷，轩德军著. -- 延吉：延边大学出版社，2025.2. -- ISBN 978-7-230-07946-4

Ⅰ．TU238.2-39

中国国家版本馆CIP数据核字第2025810N5C号

人工智能与室内设计软件教学研究

著　　者：	沈　婷　轩德军
责任编辑：	王铭庚
封面设计：	文合文化
出版发行：	延边大学出版社
社　　址：	吉林省延吉市公园路 977 号
邮　　编：	133002
网　　址：	http://www.ydcbs.com
E-mail：	ydcbs@ydcbs.com
电　　话：	0433-2732435
传　　真：	0433-2732434
印　　刷：	廊坊市广阳区九洲印刷厂
开　　本：	787毫米×1092毫米　1/16
印　　张：	13.5
字　　数：	200千字
版　　次：	2025 年 2 月第 1 版
印　　次：	2025 年 5 月第 1 次印刷
书　　号：	ISBN 978-7-230-07946-4

定　　价：78.00元

前　言

在21世纪的科技洪流中，人工智能（AI）犹如一股不可阻挡的力量，正深刻地改变着人类社会的每一个方面。从工业生产到日常生活，从医疗保健到金融服务，AI以其独特的智能性和高效性，引领着各行各业的变革与发展。在这一背景下，室内设计领域积极拥抱变化，探索与AI技术的深度融合。

回顾历史，人工智能的发展经历了从萌芽到成熟的漫长过程。从最初的简单计算与逻辑推理，到如今的深度学习与自主决策，AI技术的每一次突破都为人类带来了前所未有的新的可能性。在室内设计领域，传统的设计方式往往依赖于设计师的个人经验和直觉，而AI技术的引入，则为设计带来了更加科学、高效和个性化的解决方案。室内设计软件作为设计师的重要工具，其发展历程也侧面反映了设计行业的变迁。从最初的简单绘图软件，到如今功能丰富、操作便捷的综合设计软件，这些软件不仅提高了设计师的工作效率，还极大地拓展了设计的边界。而AI技术的融入，更是为室内设计软件注入了新的活力，使其能够更好地满足设计师和市场的需求。

在人工智能与室内设计软件的结合点上，我们看到了无限的潜力和可能性。AI可以辅助设计师进行空间布局的优化、色彩与材质的选择、光照效果的模拟等，从而提高设计的效率和质量。同时，AI还能够根据用户的个性化需求，提供定制化的设计方案，满足市场的多元化需求。更重要的是，AI技术的引入还能够推动设计的创新和可持续性发展，为室内设计领域带来新的增长点。

面对这样的变革，室内设计教学也面临着新的挑战和机遇。传统的教学模式已经难以满足新时代的需求，而AI技术的引入则为教学提供了新的思路和方法。通过AI辅助室内设计教学，我们可以培养学生的创新思维和实践能力，提高他们的设计水平和市场竞争力。同时，我们还可以构建基于AI的学生能力培养和评价体系，为室内设计教育的改革和发展提供有力的支持。

本书正是基于这样的背景和愿景而编写的。我们希望通过系统的阐述和深入的探讨，为读者呈现一个人工智能与室内设计软件相结合的全新领域，并剖析这一结合对室内设计教学产生的深远影响。

目 录

第一章 人工智能基础理论 ... 1
第一节 人工智能的定义与发展历程 ... 1
第二节 人工智能核心技术概述 ... 6
第三节 机器学习原理及应用 ... 16
第四节 深度学习在 AI 中的角色 ... 23

第二章 室内设计软件概述 ... 31
第一节 室内设计软件发展历程 ... 31
第二节 主流室内设计软件介绍与比较 ... 39
第三节 软件功能特点分析 ... 50
第四节 软件操作界面与工具详解 ... 59

第三章 人工智能与室内设计软件的结合点 ... 69
第一节 AI 在室内设计中的应用潜力 ... 69
第二节 智能化设计辅助工具介绍 ... 76
第三节 AI 提升设计效率与质量的途径 ... 80
第四节 AI 在个性化设计中的应用 ... 86
第五节 AI 助力提升设计的创新性与可持续性 ... 93

第四章 人工智能辅助空间设计 ... 98
第一节 空间布局智能优化算法 ... 98
第二节 AI 在色彩搭配与材质选择中的应用 ... 107
第三节 光照模拟与智能调整技术 ... 116
第四节 空间尺寸与人体工程学结合的 AI 设计 ... 127

第五章　人工智能与室内设计教学的融合 132
第一节　传统室内设计教学模式分析 132
第二节　将AI技术引入教学的必要性 137
第三节　AI辅助室内设计课程设置建议 144
第四节　教学方法与策略的创新实践 152
第五节　学生能力培养与评价体系构建 159

第六章　室内设计软件的教学资源建设 170
第一节　教材编写与选用原则 170
第二节　在线教学平台与资源库的建设 180
第三节　师生互动与社区交流平台 188
第四节　实践教学基地的建设与管理 198

参考文献 209

第一章　人工智能基础理论

第一节　人工智能的定义与发展历程

一、人工智能的基本概念界定

人工智能（Artificial Intelligence，简称 AI）是一门研究、开发用于模拟、延伸和扩展人的智能的理论、方法、技术及应用系统的新技术科学，《现代汉语词典（第 7 版）》将其定义为"计算机科学技术的一个分支，利用计算机模拟人类智力活动"。其核心在于使计算机系统能够像人一样进行推理、学习、决策和交流，从而执行通常需要人类智慧才能完成的任务。人工智能的发展以算法、计算和数据为驱动力，通过模仿人类智能的方式，使计算机系统能够具备感知世界、学习、理解问题并解决问题的能力。

（一）人工智能的基本原理

机器学习是人工智能的核心技术之一，它是指通过算法模型对大量数据进行学习和训练，使机器能够自动地从中学习规律和模式，从而不断提高自己的性能和准确度。机器学习包括监督学习、无监督学习和强化学习等多种类型，广泛应用于图像识别、语音识别等领域。深度学习是一种特殊的机器学习技术，它使人工智能能够通过多层神经网络对数据进行处理和分析，从而完成复杂的任务。深度学习模型的灵感来源于人类大脑中的神经元连接方式，通过模拟神经元之间的连接和信号传递过程，实现对复杂数据的深度处理和分析。深度学习在图像识别、自然语言处理等领域取得了显著突破。

自然语言处理（Natural Language Processing，简称NLP）是对人类语言进行分析和理解的技术，它涉及语音识别、语义分析、语法分析等多个方面。NLP技术使得机器能够理解和生成人类语言，从而实现人机之间的自然交互，应用于智能客服系统、语音助手等。计算机视觉是让计算机模拟人类视觉系统进行分析和理解的技术。它在图像识别、物体检测、人脸识别等领域发挥着重要作用，如安防监控、自动驾驶等场景中的图像分析和处理。

（二）人工智能的核心技术

算法是人工智能的核心，通过一系列算法和模型对大量数据进行学习、分析和训练，机器便能够自主思考、决策和行动。人工智能算法包括决策树、朴素贝叶斯、支持向量机、神经网络等多种类型，每种算法都有其独特的优势和应用场景。

计算和数据是人工智能的基础。随着计算能力的飞速提升和数据量的爆炸式增长，人工智能系统能够处理更加复杂和更大规模的任务。大数据分析和云计算等技术的发展为人工智能的快速发展提供了有力支持。神经网络是人工智能深度学习的基础，多层神经网络的组合，可以帮助人工智能完成复杂的任务和决策。神经网络模型通过不断地调整其内部参数，最小化预测错误，从而实现对复杂数据的处理和分析。

（三）人工智能的应用领域

人工智能的应用领域非常广泛，涵盖了从日常生活到工业生产的各个方面。

人工智能在医疗健康领域的应用广泛而深入。在疾病诊断方面，AI通过大数据分析和机器学习算法，能够辅助医生进行更快速、更精准的诊断。例如，在医学影像分析中，AI能够自动识别病灶，提高诊断效率与准确性。此外，AI还被应用于个性化医疗方案的制定，基于患者的基因信息和病史，提供量身定制的治疗方案，推动精准医疗的发展。在药物研发领域，AI通过分析海量生物数据，加速新药的研制与验证，缩短研发周期，降低研发成本。

在金融领域，人工智能技术展现了巨大的潜力。风险管理是金融机构的重要职责，AI通过大数据分析，能够精准评估潜在风险，提高风险管理的效率与准确性。例如，通过分析借款人的信用记录和行为模式，AI能更准确地预估其还款能力，帮助金融机构控制信贷风险。此外，AI还被广泛应用于金融欺诈监测，通过分析交易记录，AI能够及时发现并预警异常交易行为，保护用户资金安全。

智能生产线通过引入AI技术，实现了生产过程的自动化与智能化，显著提高了生产效率。例如，某家电企业利用AI技术优化生产调度，实时调整生产计划，降低人力成本。同时，AI在质量检测中也发挥着重要作用，通过机器视觉检测系统，自动识别产品瑕疵，提高产品质量。

人工智能在交通领域的应用包括智能驾驶、交通流量预测、智能调度等。通过引入AI技术，自动驾驶汽车实现了自主导航与驾驶，提高了道路行驶效率，减少了交通事故。同时，AI还被应用于交通管理系统中，通过优化交通流量分配，缓解交通拥堵。

随着科技的进步，人工智能正逐步进入教育领域，引领教育模式的创新与变革。AI技术通过智能化手段优化教育环境，提供个性化的学习体验。例如，AI学习平台能够根据学生的学习习惯和能力水平，提供定制化的教学方案，实现因材施教。

智能家居是人工智能技术的又一重要应用领域。通过引入AI技术，智能家居设备实现了智能化控制与管理，为用户提供了更加便捷的生活体验。例如，智能音箱能够根据用户的语音指令播放音乐、查询天气以及控制家电开关等；智能门锁通过人脸识别技术实现无钥匙开门，提高了家庭安全性。

人工智能在娱乐产业的应用同样引人注目。在电影制作领域，AI能够参与剧本创作、情节设计以及角色塑造等环节，为电影制作提供新的创意与可能性。此外，AI还能创造出具有完美演技的虚拟演员，降低电影制作成本。

智能安防系统通过人脸识别、行为分析等技术，提高安全防范能力。在公共场所和私人住宅中，智能安防系统能够实时监测和预警异常行为，保护人员和财产的安全。

二、人工智能的发展历程回顾

人工智能作为当今全球科技创新的核心驱动力之一，经历了多个重要的阶段，每个阶段都伴随着不同的技术突破和理念转变。从最初的理论构想到如今的广泛应用，人工智能的发展历程可以被大致分为以下几个关键阶段：

（一）萌芽阶段（20世纪50年代至60年代）

人工智能的萌芽阶段始于20世纪50年代。1950年，英国数学家阿兰·图灵（Alan Turing）发表了其著名的论文《计算机器与智能》，提出了"图灵测试"，即通过测试一个机器是否能像人一样回答问题来判断机器是否具有智能，这一测试成为人工智能领域的重要标准之一。1956年，在美国新罕布什尔州达特茅斯学院举行的一次会议上，与会者们提出了"人工智能"这一术语，并将其定义为"一种使机器表现出智能的研究领域"。这场会议被认为是人工智能的起源。

在这个阶段，人工智能的研究主要集中在理论基础的建立和基本算法的开发上。科学家们首次提出了"人工智能"的概念，并进行了初步的探索和研究。例如，1959年，美国卡内基梅隆大学的计算机科学家开发了"通用问题求解程序"，用于求解逻辑问题。

（二）第一发展期（20世纪60年代）

20世纪60年代是人工智能的第一个发展黄金阶段。在这个时期，人工智能研究主要集中在使用逻辑和符号来表示和处理知识，这一时期的人工智能被称为"符号主义AI"。符号主义AI的代表性技术包括专家系统、推理和知识表示等。推理是指通过逻辑推理来解决问题的方法；知识表示则是指将知识表示成计算机可以理解的形式，如语义网络和框架等。

在这一时期，人工智能在机器定理证明、跳棋程序、人机对话等方面取得了一系列重要成果。例如，1966年，美国计算机科学家约瑟夫·魏泽堡发明了世界上第一款聊天机器人ELIZA，标志着人工智能在自然语言处理方面取得了初步进展。然而，尽管取得了这些成就，人工智能的研究还是面临了技术瓶颈和社会舆论压力，导致发展一度陷入低谷。

（三）瓶颈阶段（20世纪70年代）

20世纪70年代，科学家们经过深入的研究，发现机器模仿人类思维是一个十分庞大的系统工程，难以用现有的理论成果构建模型。这一时期被称为"AI冬天"。由于技术瓶颈、社会舆论压力以及科研人员与美国国家科技研究项目合作上的失败，人工智能研究陷入了低谷。尽管如此，专家系统在这一时期逐渐成长并兴起，成为人工智能的发展方向。专家系统是指拥有大量专业知识并能利用这些专业知识去解决特定领域中本需要由人类专家才能解决的问题的计算机程序。

（四）第二发展期（20世纪80年代至90年代）

20世纪80年代至90年代，人工智能研究重新焕发活力，获得了显著的技术突破和应用拓展。这一时期，神经网络、深度学习和反向传播算法等技术得到了广泛应用。神经网络是一种模拟人脑结构和功能的计算模型，它由许多简单的神经元组成，并在它们之间建立连接；深度学习是一种基于神经网络的机器学习方法，它通过模拟大脑中的神经元层次结构来完成高级智能任务，如图像、语音和自然语言处理等；反向传播算法是一种用于训练神经网络的方法，它通过迭代优化网络权重来最小化误差。

在这一时期，人工智能不仅在学术领域继续深入发展，还在金融、医疗、制造等多个行业中得到实际应用，这些都标志着人工智能进入了一个快速发展的新时代。

（五）平稳发展阶段（20世纪90年代至今）

20世纪90年代以来，随着互联网技术的逐渐普及，人工智能已经逐步发展成为分布式主体，为人工智能的发展提供了新的方向。这一时期，针对人工智能的学术研究实现了多项里程碑式的突破，而且人工智能的实际应用也取得了丰富的成果,从自动驾驶、自然语言处理到医疗诊断、智能推荐系统等,人工智能几乎渗透到各个行业和人们日常生活的方方面面。

从21世纪初至今,得益于计算能力的显著提升、大数据的广泛应用,以及深度学习等新兴技术的涌现,人工智能的研究取得了惊人的进展。例如,2016年,DeepMind公司的AlphaGo人工智能系统击败了围棋世界冠军李世石,引起了全球范围内对人工智能的广泛关注。AlphaGo的胜利证明了人工智能在复杂游戏领域的能力。

第二节 人工智能核心技术概述

一、人工智能的感知与识别技术简介

人工智能的感知与识别技术是AI领域的重要组成部分,它使计算机能够像人类一样感知和理解周围环境,从而实现更加智能的交互和应用。

(一)感知与识别技术的定义和分类

感知与识别技术是人工智能领域中的关键技术之一,它使计算机能够通过传感器等设备收集环境信息,并通过算法对这些信息进行分析和处理,从而实现对环境的感知和理解。根据识别对象的不同,感知与识别技术可以被分为有生命识别和无生命识别两大类。

有生命识别:这类技术主要识别与人体生命特征有关的信息,如语音识别、指纹识别、人脸识别、虹膜识别等。语音识别技术通过麦克风等设备收集语音信号,并通过算法将其转换为文本或指令;指纹识别、人脸识别和虹膜识别则通过摄像头等设备收集图像信息,并通过算法对图像进行特征提取和比对,从而实现身份认证等。

无生命识别:这类技术主要识别与人体生命特征无关的信息,如射频识

别（RFID）、智能卡识别、条形码识别等。RFID技术通过射频信号实现物体与阅读器之间的通信，从而实现对物体的识别和追踪；智能卡识别技术通过读取智能卡中的信息，实现对持卡人的身份认证等；条形码识别技术则通过扫描条形码，实现对商品或物品的识别和追踪。

（二）感知与识别技术的工作原理和流程

感知与识别技术的工作流程通常包括数据采集、预处理、特征提取、分类和决策等步骤。

1. 数据采集

通过传感器等设备收集环境信息，如图像、声音、指纹等。这些原始数据是后续处理和分析的基础。

2. 预处理

对采集到的数据进行清洗、滤波、放大等预处理操作，以提高数据的质量和可靠性。例如，在图像识别中，需要对图像进行灰度转换、归一化、对齐、裁剪等预处理操作，以便于后续的特征提取和分类。

3. 特征提取

从预处理后的数据中提取出有意义的特征信息。这些特征信息能够反映数据的本质属性，是后续分类和决策的重要依据。例如，在语音识别中，要提取语音的梅尔频率倒谱系数（MFCC）等特征；在图像识别中，要提取图像的边缘、纹理、颜色等特征。

4. 分类

利用机器学习算法对提取出的特征信息进行分类和识别。常用的机器学习算法包括支持向量机（SVM）、神经网络、深度学习等。通过训练模型，人工智能系统能够准确地区分不同的类别或对象。

5. 决策

根据分类结果做出决策或执行相应的动作。例如，智能安防系统在识别出异常行为时，会发出警报或采取其他应急措施。

（三）感知与识别技术的核心技术和原理

感知与识别技术涉及多种核心技术和原理，包括深度学习、神经网络、计算机视觉、语音识别等。

深度学习在图像识别、语音识别、自然语言处理等领域取得了显著的成功，成为感知与识别技术的重要支撑。神经网络是一种模拟人脑神经网络的数学模型，它由多个神经元节点组成，通过加权连接实现信息的传递和处理。神经网络具有强大的学习和适应能力，能够通过训练自动调整网络权重，从而实现对复杂数据的智能分析和处理。

计算机视觉是使计算机能够像人类一样理解和分析图像和视频数据的技术。它涉及图像处理、目标检测、图像识别等多个方面，是智能监控、自动驾驶、虚拟现实等的重要基础。语音识别是将语音信号转换为文本或指令的技术。它涉及语音信号处理、语音特征提取、语音模型训练等多个方面，是智能语音助手、语音转文本服务等的重要基础。

（四）感知与识别技术的应用场景和优势

感知与识别技术在各个领域都有广泛的应用，如智能家居、智能交通、智能制造等。对感知与识别技术的应用不仅提高了工作效率和生活质量，还增强了安全性和便利性。

通过智能感知与识别技术，智能家居系统能够自动识别家庭成员的身份和行为习惯，从而实现个性化的智能控制和服务。例如，智能门锁可以通过人脸识别技术实现无钥匙开门；智能音箱可以通过语音识别技术实现语音交互和智能控制。

智能感知与识别技术在交通领域的应用包括自动驾驶、智能监控等。自动驾驶汽车通过传感器和摄像头等设备收集周围环境的信息，并通过算法进行实时分析和处理，从而实现自主导航和避障等。智能监控系统则通过摄像头等设备收集交通流量、违章行为等信息，并通过算法进行实时分析和处理，从而实现交通管理和优化。在制造业中，智能感知与识别技术可以被应用于质量检测、物料追踪、机器人导航等方面。系统通过传感器和摄像头等设备收集生产过程中的信息，并通过算法进行实时分析和处理，从而实现生产过程的智能化和自动化。

二、人工智能的自然语言处理技术应用

自然语言处理（NLP）作为人工智能领域的重要分支，致力于使计算机能够理解、解释和生成人类语言。

（一）NLP技术的定义和基本原理

自然语言处理是包含计算机科学、人工智能和语言学的一个跨学科领域，旨在实现人与计算机之间通过自然语言进行有效沟通。NLP的核心任务是理解、解释和生成人类语言，使计算机能够处理和分析大量的自然语言数据。其基本原理包括文本预处理、分词、词性标注、句法分析、语义分析等多个方面。

1.文本预处理

在进行任何NLP任务之前，要对文本数据进行预处理，包括去除标点符号和停用词、词干提取、词形还原等操作，以减少数据噪声并提取有用的信息。

2.分词

将连续的文本序列划分为有意义的词语或标记的过程。在中文中，分词是将连续的汉字序列划分为词语的过程，而在英文中通常是将文本分割成单词。

3.词性标注

确定每个单词在句子中的词性，如名词、动词、形容词等。词性标注可以为后续的语义分析、句法分析和机器翻译等任务提供基础信息。

4.句法分析

分析句子中词与词之间的关系和句子的结构，建立句法树或依存关系图。句法分析可以帮助人工智能系统理解句子的语义，并从中提取出关键信息。

5. 语义分析

对文本进行深层次的语义理解和推理，目的是获取句子的语义信息。常见的语义分析任务包括语义角色标注、实体识别和情感分析等。

（二）NLP 技术的关键技术和方法

随着深度学习和大数据技术的发展，NLP 研究在词向量表示、神经网络模型和深度学习方法上取得了重大突破。

1. 词向量

词向量是一种将单词表示为连续向量的技术，旨在捕捉词语的语义和语法特性。常见的词向量模型包括 Word2Vec，GloVe 和 FastText。

2. 神经网络

神经网络是一种模仿生物神经系统的计算模型，能够通过学习数据中的模式来完成各种任务。NLP 中常用的神经网络包括前馈神经网络（Feedforward Neural Networks）和递归神经网络（Recurrent Neural Networks，RNN）。RNN 适用于处理序列数据，如语言建模和序列标注任务。

3. 深度学习

深度学习是机器学习的一个子领域，指的是通过使用多层神经网络来进行复杂的模式识别，极大地提升了 NLP 系统的性能。卷积神经网络（CNN）最初被用于图像处理，后来被应用于文本分类、句子建模等任务。RNN 的变种 LSTM（长短期记忆网络）和 GRU（门控循环单元）在解决长依赖关系问题上表现出色。变压器（Transformer）是一种基于注意力机制的神经网络架构，解决了 RNN 在并行化和长距离依赖处理上的局限性。BERT，GPT 等基于 Transformer 的模型在多个 NLP 任务中表现出色。

（三）NLP 技术的广泛应用

机器翻译是 NLP 的一个重要应用，它允许计算机将一种语言的文本自动翻译成另一种语言。现代机器翻译系统能够高效、准确地将一种语言自动转换成另一种语言。例如，谷歌翻译和百度翻译等工具已经在很大程度上方便了跨语言的信息获取和交流。语音识别技术将人类的语音信息转换为文字，使得设备能够理解用户的口头命令。例如，智能手机中的语音助手和家居设备中的语音控制功能都依赖于这一技术。语音识别技术已经被广泛应用于智能家居、智能手机、智能音箱等设备中，提高了生活的便利性。

情感分析是NLP的一个子领域，它涉及识别和分类文本中的主观信息，如情感倾向（积极、消极或中性）。情感分析在市场研究、品牌监控和社交媒体分析中非常有用。企业可以利用情感分析来了解消费者对其产品或服务的看法，从而改进产品或服务。聊天机器人和虚拟助手使用NLP来理解用户的自然语言输入，并提供相应的回答或执行任务。它们被广泛应用于客户服务、在线购物和个人助理等领域，提供24/7的客户服务，处理常见问题，并引导用户完成交易。

信息检索通过分析文本内容，从大量的文本数据中提取出用户需要的信息。自动摘要则是从大量的文本数据中提取出关键信息，生成简洁的摘要内容。这些技术已经被广泛应用于搜索引擎、智能客服、新闻报道、科技文献等领域，帮助用户快速获取所需信息。问答系统通过分析用户的问题，自动回答用户的问题。这些系统对自身积累的无序语料信息进行有序和科学的整理，并建立基于知识的分类模型，从而提供个性化的信息服务。问答系统技术已经广泛应用于智能客服、智能助手等领域。

三、人工智能的决策与推理技术原理

人工智能的决策与推理技术是其智能行为的核心，它们使机器能够模拟人类的思维过程，进行复杂的问题解决和决策制定活动。这一领域的研究不仅涉及计算机科学、数学和逻辑学，还深入探索了认知科学、心理学和哲学等多个学科的知识。

（一）知识表示

知识表示是人工智能决策与推理的基础，它涉及如何将人类的知识、经验和理解以计算机可处理的形式表示出来。知识表示的方法多种多样，每种方法都有其适用的场景和优势。

逻辑表示是最直观、最易于理解的知识表示方法。它使用命题逻辑、谓词逻辑等逻辑系统来表示知识，通过逻辑推理来得出结论。逻辑表示的优点是清晰、精确，易于进行形式化推理，但缺点是难以处理模糊性和不确定性任务。产生式系统是一种基于规则的知识表示方法，它由一组"如果—那么"规则组成。每个规则表示一个"条件—动作"对，当满足条件时，就执行相应的动作。产生式系统的优点是灵活、易于扩展，但缺点是规则库可能变得非常庞大，且规则之间的冲突和冗余难以处理。语义网是一种基于图的知识表示方法，它由节点和边组成，节点表示概念或实体，边表示节点之间的关系。语义网可以表示复杂的知识结构，如本体、概念层次等，但构建和维护大规模语义网的成本较高。框架是一种结构化的知识表示方法，它使用"槽—值"对来表示对象的属性和关系。框架可以嵌套和继承，形成复杂的层次结构。框架的优点是易于表示复杂对象，但缺点是难以处理动态变化和不确定性任务。

（二）推理机制

推理机制是人工智能决策与推理的核心部分，它根据已有的知识和信息，通过逻辑推理得出结论。推理机制可以分为演绎推理、归纳推理和类比推理等类型。

演绎推理是从一般到特殊的推理过程，它从已知的前提出发，通过逻辑推理得出结论。演绎推理的优点是结论具有必然性，但前提必须是已知的，且推理过程可能非常复杂。归纳推理的优点是可以处理不确定性和模糊性问题，但结论具有或然性，可能不完全正确。类比推理是通过比较两个相似对象或情境相似来进行推理的过程。类比推理的优点是可以利用已有的知识和经验来解决新问题，但难点在于如何确定两个对象或情境的相似性。

（三）决策理论

决策理论是人工智能决策与推理的重要组成部分，它研究如何在具有不确定性和风险的条件下做出最优决策。决策理论包括多种模型和方法，如期望效用理论、马尔可夫决策过程、多目标决策等。

期望效用理论是一种基于效用函数和概率分布的决策模型。它假设决策者具有一个效用函数，用于评估不同结果的效用值；同时，它还假设决策者可以估计不同结果发生的概率。根据期望效用最大化原则，决策者选择期望效用最大的行动方案。

马尔可夫决策过程是一种用于描述序列决策问题的数学模型。它假设系统的状态转移只与当前状态有关，与过去的状态和行动无关。通过求解马尔可夫决策过程的最优策略，可以得知在不同状态下应该采取的行动。

多目标决策是处理具有多个相互冲突目标的决策问题的方法。它通常使用多目标优化技术来求解，如线性规划、非线性规划、整数规划等。多目标决策的优点是可以综合考虑多个因素，但难点在于如何确定各目标的权重和优先级。

（四）算法与模型

在人工智能决策与推理中，算法和模型是实施知识表示、推理机制和决策理论的具体手段。

规则推理引擎是一种基于产生式系统的推理机制，它通过匹配规则库中的规则来得出结论。规则推理引擎的优点是简单易懂，易于实现，但缺点是规则库可能变得非常庞大且难以维护。贝叶斯网络是一种基于概率论和图论的知识表示和推理模型。它可以表示变量之间的依赖关系和概率分布，通过贝叶斯定理进行推理和预测。贝叶斯网络的优点是能够处理不确定性和模糊性问题，但构建和训练大规模贝叶斯网络的成本较高。决策树是一种基于树形结构的决策模型，它通过递归分割数据集来构建模型，并根据模型对新数据进行分类或预测。决策树的优点是易于理解和解释，但缺点是容易过拟合且难以处理连续变量。

支持向量机是一种基于监督学习的分类模型，它通过寻找一个超平面来将不同类别的数据分开。支持向量机的优点是能够处理高维数据和非线性关系，但缺点是计算复杂度高且对参数选择敏感。深度学习是一种基于神经网络的机器学习技术，它通过多层非线性变换来提取数据的特征并进行分类或预测。深度学习在图像识别、语音识别、自然语言处理等领域的应用取得了显著成果，但缺点是需要大量的数据和计算资源来训练模型。

四、人工智能的机器人与自动化系统

人工智能的机器人与自动化系统是现代科技发展的前沿领域，它们融合了计算机科学、机械工程、电子工程、控制理论以及人工智能等多学科知识，旨在创造出能够模拟人类行为、执行复杂任务甚至进行自主决策的智能机器。

（一）基本原理

1. 感知与识别

通过传感器（如摄像头、激光雷达、红外传感器等）收集环境信息，利用计算机视觉、模式识别等技术对信息进行处理，实现对周围环境的感知与识别。这是机器人与外界交互的基础。

2. 决策与规划

基于感知到的信息，机器人要做出决策，如路径规划、任务分配等。这涉及高级的人工智能技术，如机器学习、深度学习、强化学习等，使机器人能够在复杂环境中做出最优或近似最优的选择。

3. 执行与控制

制定决策后，机器人要通过执行器（如电机、液压系统等）将决策转化为实际行动。这要求控制系统非常精确，以确保机器人能够按照规划完成任务，同时保持稳定性和安全性。

4. 学习与适应

为了使机器人能够更好地适应不断变化的环境和任务，人工智能领域的学习算法被广泛应用于机器人的学习与适应过程中。通过不断的学习与反馈，机器人可以逐渐提升性能，甚至学会处理未曾遇到过的任务。

（二）关键技术

机器视觉是机器人感知环境的重要手段，它利用图像处理和模式识别技术，使机器人能够"看"并理解周围的环境。随着深度学习的发展，机器视觉的准确性和鲁棒性得到了显著提升，为机器人提供了更加可靠的感知能力。对于需要与人类进行交互的机器人来说，自然语言处理是不可或缺的。它使机器人能够理解人类的语言指令，甚至进行简单的对话，从而大大增强了机器人的实用性和亲和力。

自主导航与定位技术是机器人实现自主移动的关键。通过融合多种传感器信息（如GPS、惯性导航系统、视觉信息等），机器人可以实时确定自己的位置，并规划出到达目标点的最优路径。对于需要与环境进行物理交互的机器人来说，力和触觉感知技术至关重要。这些技术使机器人能够感知到与环境接触产生的力，从而进行精细的操作和控制。随着云计算和大数据技术的发展，机器人可以更加高效地处理和分析海量的数据，做出更加智能化的决策和规划。同时，云计算还使远程监控和更新机器人成为可能，降低了维护成本。

（三）应用领域

在自动化生产线上，机器人已经成为不可或缺的一部分。它们能够高效地完成装配、焊接、喷涂等任务，提高生产效率和质量。在医疗领域，机器人被用于手术辅助、康复治疗、药物配送等方面。特别是在高精度手术中，机器人能够提供更稳定、更精确的操作，降低手术风险。

随着人们生活水平的提高，家庭服务机器人逐渐走进普通家庭。它们能够完成清洁、烹饪、照顾老人和儿童等任务，为人们提供更加便捷的生活体验。在危险或难以到达的环境中，如地震灾区、深海、太空等，机器人能够代替人类进行探索与救援工作，降低风险。在农业领域，机器人被用于完成播种、施肥、收割等任务，提高了农业生产效率和质量，同时减少了人力成本和对环境的破坏。

第三节　机器学习原理及应用

一、机器学习的定义与分类

（一）机器学习的定义

机器学习（Machine Learning，ML）是人工智能领域的一个重要分支，其核心思想是使计算机能够在没有明确编程的情况下，从数据中学习并做出决策或预测。简而言之，机器学习就是让机器通过观察和分析大量数据，自动发现数据中的模式、规律和关联，并据此进行预测或决策的过程。这一过程通常涉及数据的收集、预处理、特征提取、模型训练、评估和优化等多个环节。

机器学习的核心在于让计算机从数据中学习，而不是通过硬编码的方式来完成任务。这种学习方式使计算机能够在面对新数据时，根据已有的经验和知识进行推理和判断，从而做出更准确的预测或决策。

（二）机器学习的分类

机器学习可以根据不同的标准进行分类，常见的分类方式包括按照学习方式分类、按照学习策略分类、按照学习任务分类以及按照应用领域分类等。

1.按照学习方式分类

按照学习方式分类，机器学习可以分为监督学习、无监督学习、半监督学习、强化学习、迁移学习和主动学习等类型。

（1）监督学习

监督学习是指在给定的训练集中"学习"出一个函数（模型参数），当新的数据出现时，可以根据这个函数预测结果。监督学习的训练集包括输入和输出,即特征值和目标值(标签),训练集中数据的目标值(标签)是由人工事先进行标注的。监督学习有两个主要任务:回归和分类。回归用于预测连续的、具体的数值;分类是对各种事物进行分类,用于离散预测。常见的监督学习算法有朴素贝叶斯、决策树、支持向量机、逻辑回归、线性回归、k近邻等。

(2)无监督学习

无监督学习是指在机器学习过程中,用来训练机器的数据是没有标签的,机器只能自己不断探索,对知识进行归纳和总结,尝试发现数据中的内在规律和特征,从而对训练数据打标签。无监督学习的目标是对观察值进行分类或者区分。常见的无监督学习算法主要有三种:聚类、降维和关联。聚类算法是无监督学习中最常用的算法,它将观察值聚成一个一个的组,每个组都有一个或几个特征。聚类的目的是将相似的东西聚在一起,而并不关心这类东西具体是什么。降维指减少一个数据集的变量数量,同时保证传达信息的准确性。关联指的是发现事物共现的概率。

(3)半监督学习

半监督学习结合了监督学习和无监督学习的思想,使用部分标记和大量未标记的数据进行训练。半监督学习方法可以帮助提高模型在数据稀缺时的性能。半监督学习算法可分为四大类:半监督分类、半监督回归、半监督聚类和半监督降维。

(4)强化学习

强化学习是一种通过奖励和惩罚机制让智能体学习最佳行为策略的方法。智能体在与环境的交互中不断学习,以最大化长期奖励。强化学习的本质是学习最优的序贯决策。在每一步(t),智能体从环境中观测到一个状态(s)和一个奖励(r),采取一个动作(a)。环境根据采取的动作决定下一个时刻(t+1)的状态和奖励。智能体要学习的策略表示为给定状态下采取的动作,目标不是短期奖励的最大化,而是长期累积奖励的最大化。

（5）迁移学习

迁移学习是指利用在特定任务中预训练的模型来解决新任务。在迁移学习中，预训练模型的特征提取部分可以被应用到新的数据集上，以减少训练时间和提高性能。

（6）主动学习

在主动学习中，机器会根据当前知识选择最有信息量的样本进行标注，从而更有效地利用有限的标注资源。

2. 按照学习策略分类

按照学习策略分类，机器学习可以分为机械学习、示教学习、类比学习、基于解释的学习等类型。

（1）机械学习

机械学习是指系统通过记忆和重复来执行任务，而不进行任何形式的归纳或总结。

（2）示教学习

示教学习是通过向系统展示示例来教会它执行任务。这种方法需要人类专家提供正确的示例。

（3）类比学习

类比学习是通过比较两个相似对象或情境来进行推理的过程。

（4）基于解释的学习

基于解释的学习是通过理解问题的内在结构和规则来进行学习的方法。

3. 按照学习任务分类

按照学习任务分类，机器学习可以分为分类、回归、聚类、降维、关联规则学习等类型。

（1）分类

分类是将实例划分到预定义的类别中的任务。常见的分类算法有决策树、支持向量机、朴素贝叶斯等。

（2）回归

回归是预测一个连续值的任务。常见的回归算法有线性回归、多项式回归、岭回归等。

（3）聚类

聚类是将相似的实例归为一组的任务。常见的聚类算法有 k-means、层次聚类、DBSCAN 等。

（4）降维

降维是减少数据集维度，同时尽量保留原始数据信息的任务。常见的降维算法有主成分分析（PCA）、线性判别分析（LDA）等。

（5）关联规则学习：关联规则学习是发现事物之间共现概率的任务。常见的关联规则学习算法有 Apriori，Eclat 等。

4. 按照应用领域分类

按照应用领域分类，机器学习可以分为自然语言处理、计算机视觉、机器人、自动程序设计、智能搜索、数据挖掘和专家系统等多个领域。

（1）自然语言处理

自然语言处理是计算机与人类之间用自然语言进行有效通信的各种理论和方法。机器学习在自然语言处理中的应用非常广泛，包括文本分类、情感分析、机器翻译等。

（2）计算机视觉

计算机视觉是研究如何使机器"看"的科学，即让机器能够识别和理解图像或视频中的信息。机器学习在计算机视觉中的应用包括目标检测、人脸识别、图像分割等。

（3）机器人

机器人是自动执行任务的机器装置。机器学习在机器人中的应用包括路径规划、运动控制、环境感知等。

（4）自动程序设计

自动程序设计是让计算机自动设计或生成程序的过程。机器学习在自动程序设计中的应用包括代码生成、代码优化等。

（5）智能搜索

智能搜索是利用人工智能技术提高搜索引擎性能和用户体验的过程。机器学习在智能搜索中的应用包括查询理解、结果排序等。

（6）数据挖掘

数据挖掘是从大量数据中提取有用信息的过程。机器学习在数据挖掘中的应用包括数据预处理、特征选择、模型训练等。

（7）专家系统

专家系统是一种模拟人类专家解决特定领域问题的智能程序。机器学习在专家系统中的应用包括知识获取、推理机制等。

二、机器学习的监督学习、无监督学习与强化学习

机器学习作为人工智能领域的重要分支，旨在让计算机通过学习数据和模式，而不是通过明确的编码来完成任务。在机器学习中，有三种主要的学习方式：监督学习、无监督学习和强化学习。每种学习方式都有其独特的特点、应用场景和算法。

（一）监督学习

监督学习是机器学习中最常见和最直观的一类方法。其核心思想是利用一组已知输入与输出的样本（即训练数据）来训练模型，使模型能够学习到输入与输出之间的映射关系，以便对新的输入进行准确的预测。在监督学习中，每个样本都有一个输入对象（通常为矢量）和一个期望的输出值（也被称为监督信号）。监督学习可以分为两大类任务：分类和回归。

1.分类

若输出变量是离散的，监督学习的任务便是预测输入数据属于哪一个类别。例如，判断一封电子邮件是垃圾邮件还是非垃圾邮件。常见的分类算法包括逻辑回归、决策树、随机森林、支持向量机、朴素贝叶斯等。

2. 回归

若输出变量是连续的,监督学习的任务便是预测一个数量。例如,根据房屋的特征(如面积、位置等)来预测房屋的价格。常见的回归算法包括线性回归、决策树回归、随机森林回归等。

监督学习的主要优点是可以通过大量已有标记数据训练模型,使得模型的预测结果更加准确。然而,监督学习需要大量的已标记数据,而且需要人工进行标记,这增加了数据收集和处理的成本。此外,监督学习模型只能预测已知类别的数据,对于未知类别的数据无法进行有效预测。

(二)无监督学习

无监督学习是一种数据挖掘技术,它允许机器通过观察数据来学习数据的内在结构和模式,而不需要预先标注的输出变量。这种方法特别适用于数据探索和发现隐藏在数据中的信息。无监督学习的目标是从数据中发现隐藏的结构和模式,而不是预测特定的标签或目标。

无监督学习的主要任务包括聚类、降维、关联规则挖掘和异常检测。

1. 聚类

聚类是将数据样本分成相似的组别或簇的过程。它通过计算样本之间的相似性来将相似的样本聚集在一起。聚类是无监督学习中最常见的任务之一,常用于数据分析、市场细分、图像分割等。

2. 降维

降维是将高维数据转换为低维表示,同时尽可能地保留数据的特征的过程。降维技术可以降低数据的复杂性、去除冗余信息,并可用于可视化数据、特征提取等。常见的降维方法有主成分分析(PCA)和 t-SNE 等。

3. 关联规则挖掘

关联规则挖掘被用于发现数据集中项与项之间的关联和频繁项集。这些规则描述了数据集中不同项之间的关联性,通常在市场篮子分析、购物推荐等方面应用广泛。

4. 异常检测

异常检测被用于识别与大多数样本不同的罕见或异常数据点。它在异常事件检测、欺诈检测、故障检测等领域有着重要的作用。

无监督学习的主要优点是无须标记大量数据，降低了数据标记的成本。无监督学习可以自动学习数据的结构和模式，有助于解决一些特定问题，如异常检测、聚类分析等。然而，人们无法利用标记数据对无监督学习程序进行训练，因此预测结果可能不够准确。此外，很难对生成的结果进行验证和解释，需要人工进行进一步分析。

（三）强化学习

强化学习是一种机器学习技术，它强调基于环境而行动，以取得最大化的预期利益。强化学习指的是一个智能体在与环境交互的过程中学习最佳行为或策略，以最大化累积奖励。强化学习不同于监督学习，它不直接告诉智能体应该做什么，而是让智能体自己探索。

强化学习的模型由环境、智能体、状态、动作和奖励函数五个部分组成。智能体选择并执行一个动作，环境接收该动作后发生变化，同时产生一个强化信号反馈给智能体。智能体再根据强化信号和环境的当前状态选择下一个动作，选择的原则是使收到正的奖赏值的概率提高。

强化学习的主要任务包括学习最佳策略，使得智能体在特定环境下做出最优决策。强化学习已被广泛应用于无人驾驶、机器人控制、游戏对弈、推荐系统中。强化学习的优点是可以处理与环境交互的问题，并学习最佳策略。然而，强化学习训练时间较长，需要大量的试验和训练。此外，要精心设计奖励函数，使得智能体能够学习到最佳策略。

第四节　深度学习在 AI 中的角色

一、深度学习的概念与特点

（一）深度学习的概念

深度学习（Deep Learning，DL）作为机器学习的一个分支，特指基于深层神经网络模型和方法的机器学习。它是在统计机器学习、人工神经网络等算法模型的基础上，结合当代大数据和大算力的发展而发展出来的。深度学习通过构建具有多个隐藏层的人工神经网络（Artificial Neural Network，ANN），模拟人脑的神经网络结构，学习数据的内在规律和表示层次，从而实现对复杂数据的分析和处理。

（二）深度学习的特点

深度学习之所以能够在各个领域取得突破性的进展，主要得益于其独特的技术特点。

深度学习最显著的特点之一是自动特征学习与分层抽样。传统的机器学习方法往往需要手动设计特征提取器，依赖于人工选择的特征。而深度学习则通过构建多层神经网络，自动从原始数据中学习特征，不需要人工干预。这种自动特征学习的能力，使得深度学习在处理高维、复杂数据方面表现出色。此外，深度学习模型往往具有多层次的结构，不同层提取不同尺度的特征。通常，浅层网络提取简单的视觉特征，深层网络则提取抽象的纹理特征。这种分层抽样的特性，使得神经网络能够学习到更加丰富的特征，从而增强模型的表达能力。

深度学习模型通过增加隐藏层的数量，能够学习到更加复杂的非线性关系。随着神经网络层数的增加，网络的非线性表征能力越来越强，能够映射到几乎任何函数,从而应对多种复杂问题。这种强大的非线性表征能力,使得深度学习在处理非线性数据方面具有明显的优势。深度学习是基于数据驱动的,对数据量的依赖性很高。数据量越大,模型的性能表现越好,这是因为深度学习模型要利用大量数据进行训练,才能学习到数据的内在规律和表示层次。然而,这也意味着深度学习要消耗大量的计算资源。深度神经网络具有庞大的参数量(包括权重参数和偏置参数),每个样本数据上的特征数据都要与参数进行乘法运算或加法运算,导致计算量巨大。这种计算密集的特性,限制了深度学习在边缘设备上的应用。

深度学习模型架构灵活,可以根据不同的应用需求进行调整和优化。例如,通过增加隐藏层的数量、调整激活函数、改变优化算法等方式,可以提升模型的性能。此外,深度学习模型还具有可扩展性,可以应用于大规模数据和复杂任务。通过增加训练样本的数量、提升计算资源的性能,可以进一步提升模型的准确性和鲁棒性。

深度学习已经在多个领域取得了显著成果。在自然语言处理领域,深度学习被用于执行文本分类、情感分析、机器翻译等任务。此外,深度学习还在语音识别、推荐系统、自动驾驶等领域发挥着重要作用。随着技术的不断进步和数据量的不断增加,深度学习将在更多领域发挥重要作用。

尽管深度学习在许多领域取得了显著成果,但其模型的可解释性仍然较低。深度学习模型通常被视为"黑箱"模型,其内部工作机制难以被人类理解,这限制了深度学习在某些需要高透明度和可解释性的领域的应用。未来,研究人员将致力于提高深度学习模型的可解释性,推动其在更多领域的应用。

(三)深度学习的基本原理

深度学习通过构建多层神经网络来实现对数据的学习和分析。

神经网络由多个层次组成,包括输入层、隐藏层和输出层。输入层负责接收原始数据;隐藏层位于输入层和输出层之间,负责学习和提取特征;输出层则给出最终预测或分类结果。每个层次由许多简单的处理单元(称为神经元或节点)组成,通过连接权重和激活函数来处理输入数据。在神经网络中,前向传播是指输入数据进入输入层后，通过网络，经过各层的计算和激活函数处理，最终被转换成输出结果的过程。反向传播则是深度学习中的关键步骤，用于更新神经网络的权重和偏置，使网络能够更好地适应训练数据。反向传播通过计算预测值与实际值之间的误差，将误差从输出层向前传播，根据链式法则更新每个神经元的权重和偏置。

损失函数被用于衡量模型预测结果与实际值之间的差异，是深度学习中优化的目标。常见的损失函数包括均方误差（MSE）、交叉熵损失函数等。为了最小化损失函数，深度学习使用优化算法来更新神经网络的权重和偏置。常见的优化算法包括随机梯度下降（SGD）、Adam、Adagrad等。这些算法通过计算梯度并按照一定的步长更新参数，逐渐优化模型。

二、深度神经网络的结构与工作原理

深度神经网络（Deep Neural Network，DNN）是一种模拟人脑神经元连接方式的机器学习模型，具有强大的数据处理和模式识别能力。它通过多层神经元的连接和训练，能够处理复杂的非线性问题。

（一）深度神经网络的结构

深度神经网络的结构通常包括输入层、隐藏层和输出层。

输入层是网络的起点，负责接收来自外部的数据。这些数据通常是一个向量，每个元素代表一个特征。输入层并不进行计算，只是将数据传递到隐藏层。节点数等于输入数据的特征数。

隐藏层是网络中实际进行计算的部分，负责从输入数据中提取特征。隐藏层可以有一个或多个，这是深度神经网络"深度"的来源。每个隐藏层的节点数（即神经元的个数）通常是可调的，具体数量视任务复杂度而定。常见的隐藏层类型包括：

全连接层：每个神经元与前一层的所有神经元相连。

卷积层：用于图像处理，执行卷积运算以提取局部特征。

池化层：对特征图进行降维，保留重要信息，常见的有最大池化和平均池化。

循环层：用于处理序列数据，通过循环结构保持时间序列信息。

正则化层：防止过拟合或加速训练。

输出层是网络的最后一层，负责生成最终的预测结果。处理分类问题时，输出层通常使用 softmax 或 sigmoid 函数来生成类别概率；处理回归问题时，输出层通常是一个线性单元，用于预测连续值。

（二）深度神经网络的工作原理

深度神经网络的工作原理主要基于前向传播和反向传播算法。

前向传播是指数据在神经网络中从输入层经过多个隐藏层，最终到输出层的过程。在每一层中，前一层的输出会作为当前层的输入，通过加权求和后，再应用激活函数来生成当前层的输出。这个过程一直进行，直到达到输出层，得到最终的预测结果或分类标签。

反向传播是深度学习中用于训练网络的核心算法，其目的是最小化网络输出与实际标签之间的差异（即误差）。首先，在输出层计算预测值与真实值之间的误差。其次，误差将被反向传播到网络的每一层，用于计算每一层每个神经元的误差贡献。最后，使用梯度下降算法调整神经网络中的权重和偏置，以减少误差。通过多次迭代前向传播和反向传播的过程，深度神经网络能够逐渐学习到如何通过调整其内部权重来优化性能。

（三）深度神经网络的关键组成部分

深度神经网络的组成并不复杂，主要是由层、激活函数、损失函数等部分构成。

神经网络大致可以分为输入层、隐藏层和输出层。其中，隐藏层是深度神经网络"深度"的来源，负责从输入数据中提取特征。隐藏层的设计（如层数、每层的神经元数量等）对网络的性能有很大影响。

激活函数用于在隐藏层和输出层中对线性组合的输入进行非线性变换。常用的激活函数包括 ReLU（Rectified Linear Unit）、Sigmoid 和 Tanh 等。激活函数使神经网络能够拟合复杂的非线性关系，从而解决众多的非线性问题。

损失函数用于衡量预测结果与真实结果的差异。常用的损失函数包括均方误差（MSE）、交叉熵损失等。通过使用损失函数衡量每个参数之间的差异，反向传播算法可以更新网络的权重和偏置，以最小化损失函数。

三、深度学习在图像识别、语音处理中的应用

深度学习作为机器学习的一个重要分支，近年来在图像识别和语音处理等领域得到了广泛应用。通过构建深度神经网络模型，深度学习能够自动从大量数据中提取特征并进行模式识别，从而在这些复杂任务中展现出超越传统方法的性能。

（一）深度学习在图像识别中的应用

图像识别是计算机视觉领域的一个重要分支，旨在让计算机能够识别并理解图像中的内容。深度学习通过自动学习图像中的层次化特征，实现了从原始像素到高级语义的映射，大大提高了识别的准确性。

图像分类的任务是对于一个给定的图片，预测其类别标签。例如，自动驾驶汽车可以通过图像分类模型来识别道路上的各种物体，如行人、车辆、交通标志等。卷积神经网络（CNN）是图像分类任务中最常用的模型，它通过卷积层、池化层和全连接层等层次结构来提取图像特征，并生成类别标签。

目标检测是指从一个场景（图片）中找出目标，并用矩形框确定目标的位置。这一技术在人脸识别、自动驾驶、遥感影像识别等领域有广泛应用。目标检测模型通常与区域建议网络（RPN）和分类器结合使用，首先生成可能包含目标的候选区域，其次对每个区域进行分类和位置精修。

语义分割是像素级别的分类任务，旨在将图像中的每个像素分配到相应的类别中。例如，在自动驾驶中，语义分割模型可以将道路、车辆、行人等不同对象进行精确分割，为车辆的安全行驶提供重要信息。全卷积网络（FCN）和 U-Net 等模型在语义分割任务中表现出色。

图像生成是指从已知图像中学习特征后将其进行组合，生成新图像的过程。生成对抗网络（GAN）是图像生成任务中的代表性模型，它由生成器和判别器两部分组成，通过相互博弈的方式生成逼真的图像。GAN 对于完成神经风格迁移、图像修复、图像超分辨率等任务具有显著作用。

（二）深度学习在语音处理中的应用

语音处理是人工智能领域的一个重要分支，旨在让计算机能够理解和处理人类语音信号。深度学习在语音处理中的应用主要包括语音识别、语音合成和声音增强等。

语音识别是将人类语音信号转换为文本格式的技术。深度学习在语音识别中的应用主要体现在使用深度神经网络（DNN）、卷积神经网络（CNN）和循环神经网络（RNN）等模型对语音信号进行建模和特征提取。

语音合成是将文本转换为声音的过程。深度学习技术已经被广泛用于语音合成，如基于 WaveNet 的生成模型和 Tacotron 等自回归模型。WaveNet 是一种深度卷积神经网络，能够直接将文本合成高质量的语音。Tacotron 则结合了 RNN 和注意力机制，能够生成逼真的语音。这些模型在语音助手、有声读物等领域有广泛应用。

声音增强是指通过处理语音信号，使其更加清晰和容易理解。深度学习技术在声音增强中的应用包括使用神经网络对语音信号进行降噪、去混响等处理。基于深度学习的降噪算法可以有效地提升语音识别的准确率，改善用户体验。

四、深度学习对人工智能发展的推动作用

深度学习作为机器学习的一个重要分支，近年来以其强大的数据处理和模式识别能力，对人工智能的发展产生了深远的影响。它不仅推动了人工智能技术的革新，还极大地拓展了人工智能的应用领域，使得人工智能更加智能化、高效化和普及化。

（一）深度学习的基础原理

深度学习通过构建深度神经网络（DNN）模型，模拟人脑神经元之间的连接关系，实现对复杂数据的高效处理。深度神经网络由多层非线性处理单元（神经元）组成，每一层都从前一层接收输入信息，并通过权重和偏置进行线性变换，再通过激活函数进行非线性映射，最终输出预测结果。这种层次化的结构使得深度学习能够自动从大量数据中提取层次化的特征表示，从而完成高精度的分类、识别、预测等任务。

深度学习的核心在于其强大的特征学习能力。传统的机器学习方法需要人工设计特征，而深度学习则能够自动从原始数据中学习特征，避免了人工特征设计的烦琐和不确定性。此外，深度学习还通过反向传播算法实现模型参数的优化，使得模型能够不断迭代更新，提高预测性能。

（二）深度学习对 AI 技术的革新

深度学习通过构建深度神经网络模型，实现了对复杂数据的高效处理，显著提升了 AI 的性能。在图像识别、语音识别、自然语言处理等领域，深度学习模型已经取得了超越传统方法的性能。例如，在 ImageNet 图像分类竞赛中，深度学习模型已经展现了超越人类水平的识别准确率。

深度学习使得 AI 能够像人一样学习和思考。通过训练深度神经网络模型，AI 能够自动从数据中学习知识和积累经验，并将其应用到新的任务中。这种智能化的学习方式使得 AI 能够不断适应新的环境和任务，更加灵活和智能地制定决策。

深度学习的出现降低了 AI 技术的门槛，使得更多的人和企业能够应用 AI 技术。通过开源的深度学习框架和工具，如 TensorFlow、PyTorch 等，人们可以轻松地构建和训练深度神经网络模型，实现 AI 技术的应用，这极大地推动了 AI 技术的普及和发展。

（三）深度学习拓展 AI 的应用领域

通过训练深度神经网络模型，计算机能够实现对图像的自动识别和理解，为自动驾驶、安防监控、医疗影像等领域提供有力的技术支持。深度学习在自然语言处理领域的应用也取得了显著成果。通过构建深度神经网络模型，如循环神经网络（RNN）、长短时记忆网络（LSTM）等，计算机能够实现对自然语言的理解和生成，这使得计算机在完成机器翻译、智能问答、情感分析等任务方面变得更加容易和高效。

深度学习在智能推荐领域也有广泛应用。通过分析用户的历史行为和偏好，深度神经网络模型能够预测用户未来的需求，并为用户提供个性化的推荐服务。这种智能化的推荐方式不仅提高了用户的满意度，还为企业带来了更多的商业价值。在金融领域，深度学习被广泛应用于风控、信用评估、欺诈检测等方面。通过构建深度神经网络模型，金融机构能够实现对交易数据的实时分析和监控，及时发现潜在的风险和欺诈行为，保障金融安全。

第二章　室内设计软件概述

第一节　室内设计软件发展历程

一、早期室内设计软件的出现与特点

随着计算机技术的飞速发展，室内设计软件将设计师逐渐从手绘图纸和手工计算中解放出来，成为设计师进行空间布局、材料选择、色彩搭配等设计工作的得力助手。早期室内设计软件的出现不仅极大地提高了设计效率，还推动了室内设计行业的数字化进程。

（一）早期室内设计软件的出现背景

20世纪80年代，室内设计行业主要依赖手绘图纸和手工计算来完成设计方案。设计师要花费大量时间和精力进行空间布局、材料选择、色彩搭配等工作，而且设计效果往往受到设计师个人经验和技能水平的限制。计算机技术的兴起，尤其是图形用户界面（GUI）和鼠标等交互设备的出现，为室内设计软件的诞生提供了技术基础。

（二）早期室内设计软件的发展历程

在20世纪80年代，室内设计的效果图基本都是靠手绘完成的，使用的工具都是原始的尺规和笔。这种效果图对手绘技术和测量的准确度要求极高，设计师往往需要大量的练习才能制作出比较完善的施工图，而且费时费力。随着计算机技术的初步发展，一些简单的二维绘图软件开始出现，如

AutoCAD 的前身 AutoLISP，但这些软件的功能还相对有限，主要用于绘制基本的二维图纸。

到了 20 世纪 90 年代初，随着 Windows 操作系统的普及和图形处理能力的提升，二维绘图软件开始兴起。AutoCAD（Auto Computer Aided Design）于 1982 年面世，并迅速成为国际上广为流行的绘图工具。它具有完善的图形绘制功能和强大的图形编辑功能，并支持多种图像格式转换和数据交换。AutoCAD 的出现极大地提高了设计师的绘图效率，使得二维图纸的绘制更加精准和高效。

在二维绘图软件的基础上，设计师开始探索三维设计软件的可能性。1993 年，3D Studio（后来发展为 3ds Max）横空出世，它是一款基于 PC 系统的三维动画渲染和制作软件。3D Studio 的出现使得设计师能够利用电脑软件创建三维模型，进行空间布局和材质贴图等操作，从而更直观地展示设计效果。

进入 21 世纪后，随着计算机图形处理能力的进一步提升和用户需求的不断增长，专业室内设计软件开始出现并逐渐成熟。这些软件不仅具备强大的三维建模和渲染功能，还集成了材质库、家具库、灯光效果等设计元素，使得设计师能够更方便地进行空间设计和效果展示。例如，圆方软件、酷家乐等就是这一时期出现的典型代表。

（三）早期室内设计软件的特点

早期的室内设计软件主要以二维绘图功能为主，如 AutoCAD 等。设计师可以使用这些软件精确地绘制平面图、立面图、剖面图等二维图纸，进行空间布局和尺寸标注。二维绘图功能虽然相对简单，但在当时已经极大地提高了设计效率。随着三维图形处理技术的发展，早期室内设计软件设计师开始探索三维建模功能，如 3D Studio 等软件允许室内设计师创建简单的三维模型，进行空间布局和材质贴图等操作。

早期室内设计软件的用户交互体验相对简单直观。这些软件通常采用图形用户界面（GUI）和鼠标等交互设备，使得设计师能够轻松地进行绘图和设计操作。此外，这些软件还提供了一些基本的工具和功能，如选择、移动、旋转、缩放等，方便设计师进行快速编辑和修改。受当时的技术条件限制，早期室内设计软件的数据交换能力相对有限。不同软件之间的数据格式不兼容，导致设计师在使用不同软件时要进行烦琐的数据转换和导入导出操作。这不仅增加了设计工作的复杂度，还可能导致数据丢失或格式错误等问题。

早期室内设计软件对计算机硬件资源的要求较高。由于当时的计算机处理能力有限，这些软件在运行时往往占用大量的内存和CPU资源。此外，三维渲染等操作还需要较长的计算时间，使得设计师在等待结果时花费大量时间。

（四）早期室内设计软件对行业的影响

早期室内设计软件通过提供精确的二维绘图和初步的三维建模功能，极大地提高了设计师的绘图效率。设计师能够更快速地完成空间布局、材料选择、色彩搭配等工作，从而缩短设计周期并降低成本。早期室内设计软件的出现推动了室内设计行业的数字化进程。随着计算机技术的不断发展，越来越多的设计师开始使用软件进行设计工作，并逐渐形成了数字化的设计流程和标准。这不仅提高了设计质量和工作效率，还促进了设计成果的共享和交流。

早期室内设计软件的发展为后来的技术创新奠定了基础。通过不断探索和改进软件功能和技术实现方式，设计师和开发人员逐渐积累了丰富的经验和技术。这些经验和技术积累为后来的三维室内设计软件、虚拟现实技术等创新提供了重要的支持和借鉴。

二、室内二维设计到三维设计的转变

在室内设计领域，从二维设计到三维设计的转变是一个重要的技术革新，这一转变不仅改变了设计师的工作方式，也极大地提升了设计表现力和客户体验。

（一）二维设计的定义与特点

二维设计，又称平面设计，是以长和宽组成的二维空间为载体所进行的设计活动。在室内设计领域，二维设计通常表现为平面图、立面图、剖面图等。这些图纸通过线条、符号和颜色来表达空间布局、材料选择、色彩搭配等信息。二维设计的特点在于简洁性和直观性，设计师可以通过图纸快速传达设计理念和空间构想。

（二）二维设计的局限性

尽管二维设计在室内设计领域发挥着重要作用，但它也存在一些局限性。首先，二维设计无法完全展现室内空间的立体感和层次感。设计师只能通过线条和颜色来暗示空间的深度和高度，但无法让客户直观地感受到实际的空间效果。其次，二维设计在表现材质和灯光效果方面也存在不足。设计师无法通过图纸准确地展示材料的纹理、光泽和颜色变化，也无法模拟灯光的照射效果和阴影效果。这些局限性限制了设计师的创意表达和客户对设计成果的理解。

（三）三维设计的兴起与发展

随着计算机图形处理技术的不断进步，三维设计逐渐兴起并发展成为室内设计领域的重要手段。三维设计通过三维模型来模拟真实的室内空间效果，使设计师能够更直观地展示设计理念和空间构想。

三维设计的兴起与发展离不开计算机图形处理技术的支持。早期的三维设计软件如 3D Studio、Maya 等已经具备了基本的三维建模和渲染功能，但操作复杂且渲染效果有限。

（四）二维设计到三维设计的转变过程

从二维设计到三维设计的转变是一个渐进的过程，它涉及设计理念、技术手段、工作流程等多个方面的变革。

在二维设计时代，设计师主要关注空间布局、材料选择、色彩搭配等基本信息。而在三维设计时代，设计师开始注重空间感、层次感、材质感、灯光效果等更加细腻和丰富的设计元素。这种转变要求设计师具备更加全面的设计素养和更加敏锐的审美眼光。

在二维设计时代，设计师通常先绘制平面图、立面图等二维图纸，然后再进行空间布局和材料选择等工作。而在三维设计时代，设计师可以直接在三维软件中进行空间布局、材质贴图、灯光效果设置等操作，从而更直观地展示设计理念和空间构想。这种转变要求设计师具备更加熟练的软件操作能力和更加灵活的工作方式。

（五）三维设计的优势与应用

相比二维设计，三维设计具有更加直观、真实、灵活等优势。

三维设计可以直观地展示室内空间的布局和规划效果。设计师可以在三维软件中进行空间分割、家具摆放、通道设置等操作，从而更准确地把握空间比例和尺度关系。这种直观性有助于设计师更好地满足客户需求并提升设计质量。三维设计可以准确地模拟材质和灯光效果。同时，设计师还可以通过设置灯光效果来模拟不同时间和环境下的光影变化。这种模拟能力有助于设计师更好地展现设计理念和营造空间氛围。

三维设计可以为客户提供更加直观和生动的展示效果。客户可以通过三维模型来直观地感受室内空间的布局、材质、灯光等效果，从而更好地理解设计理念和提出修改意见。这种展示方式有助于提升客户满意度和设计效率。三维设计还可以为施工提供指导和帮助。设计师可以将三维模型导出为施工图纸或工程量清单，从而更准确地指导施工人员进行作业。同时，设计师还可以通过三维模型来评估材料成本和施工时间等成本因素，从而更好地控制项目预算和进度。

（六）二维设计与三维设计的结合

尽管三维设计在室内设计领域具有诸多优势，但二维设计仍然具有其独特的价值。在实际设计工作中，二维设计和三维设计往往要结合使用才能发挥出最佳效果。

在三维建模过程中，设计师通常要借助二维图纸来确定空间布局、尺寸比例等基本信息。例如，在绘制室内布局时，设计师可以先绘制平面图来确定房间的大小、形状和位置关系；然后根据平面图在三维软件中进行建模和渲染操作。

在二维图纸绘制过程中，设计师也可以先通过三维模型来辅助确定尺寸比例和材质选择等信息，然后根据三维模型中的尺寸比例来绘制立面图。在协同设计过程中，二维和三维设计可以相互补充和协作。例如，在设计团队中，有的设计师可能更擅长二维图纸绘制，而有的设计师可能更擅长三维建模；通过相互协作和沟通，他们可以更好地完成设计任务并提升设计质量。

三、云计算与室内设计软件的融合

在信息技术飞速发展的今天，云计算作为一种新兴的计算模式，正逐渐被应用到各个行业领域，室内设计行业也不例外。云计算与室内设计软件的融合，不仅为设计师提供了更为高效、便捷的设计工具，还极大地推动了室内设计行业的创新与发展。

（一）云计算概述

云计算具有以下几个显著特点：

1. 弹性可扩展

云计算平台能够根据用户的需求自动调整资源分配，确保在任何时候都能提供足够的计算能力。

2. 按需服务

用户只须为实际使用的资源付费，无须承担未使用的资源成本。

3. 广泛接入

用户可以通过各种终端设备（如电脑、手机、平板等）随时随地使用云计算服务。

（二）室内设计软件的发展现状

室内设计软件是设计师进行室内空间规划和设计的重要工具。随着计算机技术的不断进步，室内设计软件的功能也越来越强大，从简单的二维绘图到复杂的三维建模、渲染和动画演示，都能够借助室内设计软件轻松实现。然而，传统的室内设计软件也存在一些局限性：

1. 硬件要求高

为了处理复杂的设计和渲染任务，设计师往往需要高性能的计算机和专业的图形处理设备。

2. 协作效率低

设计师之间以及设计师与客户之间的协作往往通过发送电子邮件或设计文件进行沟通，效率低下且容易出错。

3. 资源共享受限

设计素材、模型库等资源往往分散在设计师的个人电脑或公司内部服务器上，难以实现共享和重复利用。

（三）云计算与室内设计软件的融合方式

云计算为室内设计软件提供了海量的存储空间，设计师可以将设计文件、素材库、模型库等资源存储在云端，实现资源的集中管理和共享。这样，设计师无论身处何地，都能够通过云端访问所需资源，大大提高了工作效率和协作效率。同时，云存储还具备数据备份和恢复功能，确保了设计数据的安全性和可靠性。

渲染是室内设计过程中一个耗时且对计算资源要求极高的环节。云计算平台具备强大的渲染能力，设计师可以将渲染任务提交到云端进行，无须担心本地计算机的性能限制。云渲染不仅能够大幅缩短渲染时间，还能够提供更高质量的渲染效果。此外，云计算还可以为室内设计软件提供高性能计算支持，如光照分析、材质模拟等，使得设计师能够更加精准地进行设计。

云计算平台允许多人在线协作和实时沟通，为设计师、客户、施工方等多方提供了一个共同工作的平台。在这个平台上，各方可以实时查看和编辑设计文件，进行在线讨论和决策，大大提高了协作和沟通效率。云协作还能够记录设计过程中的所有变更和版本，方便设计师进行回溯和对比。

云计算结合大数据和人工智能技术，可以对用户的行为和偏好进行深度分析，为设计师提供个性化的设计推荐和智能优化方案。例如，根据用户的浏览历史和选择偏好，云计算平台可以自动推荐合适的家具、装饰品和配色方案，帮助设计师快速完成设计方案。同时，云计算还可以根据用户的需求和预算，提供智能化的设计优化建议，如材料选择、空间布局等。

（四）云计算给室内设计软件带来的变革与影响

云计算平台具备强大的计算和存储能力，使得设计师无须再购买昂贵的硬件设备即可进行高质量的设计工作，这大大降低了室内设计行业的硬件成本，使得更多的小型设计工作室和个人设计师能够参与到市场竞争中来。云计算平台具备云存储、云渲染、云协作等功能，大大提高了设计师的工作效率。设计师可以更加专注于设计工作本身，而无须在处理文件、沟通协作等琐碎事务上花费大量时间。同时，云计算还能够为设计师提供实时的设计反馈和优化建议，帮助设计师更快地完善设计方案。

云计算平台为设计师提供了丰富的设计资源和工具，使得设计师能够更加自由地发挥创意和想象力。通过云计算平台的智能推荐和优化建议，设计师可以探索更多新的设计理念和风格，推动室内设计行业的创新发展。云计算平台支持实时沟通和协作，使得设计师能够与客户进行更加紧密的合作。客户可以随时查看设计进度和效果，提出自己的意见和建议。这种参与式的设计方式不仅提高了客户的满意度，还增强了客户对设计师的信任和依赖。

第二节 主流室内设计软件介绍与比较

一、AutoCAD 室内设计的功能与特点

AutoCAD 是一款由 Autodesk 公司开发的计算机辅助设计（CAD）软件，自 1982 年推出以来，已成为全球范围内建筑设计、机械设计、电子设计等多个领域不可或缺的工具。在室内设计领域，AutoCAD 凭借其强大的二维绘图和三维建模功能，广受设计师的青睐。

（一）AutoCAD 的基本功能

AutoCAD 作为一款功能全面的设计和绘图软件，其核心功能主要包括精确绘制图形、编辑修改、尺寸标注以及图层管理等。这些功能为设计师提供了强大的技术支持，使得他们能够以高效、准确的方式完成设计工作。AutoCAD 提供了丰富的绘图工具，如直线、圆、圆弧、椭圆、正多边形等，设计师可以通过这些工具精确地绘制出所需的图形。此外，AutoCAD 还具有多种绘图模式，如正交模式、极坐标模式等，使得绘图操作更加灵活和便捷。

AutoCAD 具有强大的编辑功能，包括移动、旋转、缩放、拉伸、延长、断开、修剪、拷贝、阵列、镜射等。这些功能使得设计师能够轻松地修改和调整图形，以满足设计需求。AutoCAD 提供了尺寸标注功能，设计师可以利用该功能对图形进行精确的尺寸标注。尺寸标注不仅有助于设计师在设计过程中保持图形的比例和尺寸的一致性，还为后续的施工和材料采购提供了准确的数据支持。AutoCAD 的图层管理功能使得设计师能够轻松地管理和组织图形中的不同元素。通过创建不同的图层，设计师可以将不同类型的图形元素（如墙体、门窗、家具等）分别放置在不同的图层上，从而方便后续的编辑和修改。

（二）AutoCAD 在室内设计中的功能特点

AutoCAD 在室内设计中的应用不仅体现在其基本功能上，还体现在其针对室内设计领域所特有的功能和特点上，这些功能和特点使得 AutoCAD 成为室内设计师的首选工具。AutoCAD 不仅提供了强大的二维绘图功能，还具备三维建模功能。在室内设计领域，二维绘图主要用于绘制平面图、立面图、剖面图等，而三维建模则可以用于创建室内的三维模型，以便更好地展示设计效果。AutoCAD 的三维建模功能使得设计师能够更直观地展示设计成果，帮助客户更好地理解设计方案。

AutoCAD 提供了丰富的 CAD 工具，如块（Block）、属性（Attribute）、外部引用（Xref）等，这些工具为设计师提供了高效的设计解决方案。例如，设计师可以通过创建"块"来定义常用的图形元素（如门窗、家具等），然后在设计过程中重复使用这些"块"，从而提高设计效率。此外，AutoCAD 还具备外部引用功能，使得设计师能够轻松地引用其他图形文件中的元素，实现跨文件的协作和共享。AutoCAD 支持多种图形图像格式，并充分利用了 Windows 系统的剪贴板和对象动态连接技术（OLE），这使得设计师能够轻松地与其他软件（如 3D Max、SketchUp 等）进行文件交换和数据共享。此外，AutoCAD 还允许将设计文件导出为多种格式（如 DWG、DXF、PDF 等），方便设计师与客户、施工方等进行沟通和协作。

在设计过程中，设计师可以通过输入坐标值来确定点的位置、线的长度、角的大小等，从而实现精确的绘图。同时，AutoCAD 还支持多种尺寸标注方式（如线性标注、角度标注、半径标注等），使得设计师能够清晰地标注出图形的尺寸信息。AutoCAD 具有多视图操作功能，使得设计师能够同时查看和编辑图形的不同视图（如俯视图、左视图、主视图等）。这种多视图操作方式不仅有助于设计师更好地理解和分析设计对象，还为他们提供了更多的设计思路和更大的创意空间。

AutoCAD 提供了模板和块功能，使得设计师能够快速地创建和重用设计元素。通过创建模板，设计师可以定义常用的图形元素和设置（如图层、线型、颜色等），然后在设计过程中重复使用这些模板，从而提高设计效率。此外，AutoCAD 还具备"块"功能，使得设计师能够创建可重复利用的组件（如门窗、家具等），并在设计过程中轻松地插入和编辑这些组件。例如，设计师可以通过编写脚本来自动生成门窗表、材料清单等设计文档，从而减轻设计负担并提高设计效率。

随着云计算技术的发展，AutoCAD 也推出了云服务功能。通过 AutoCAD 云服务，设计师可以随时随地访问和编辑设计文件，实现跨设备、跨平台的协作和共享。此外，AutoCAD 云服务还提供了版本控制、历史记录等功能，使得设计师能够轻松地管理设计文件的版本和历史记录。

二、SketchUp 室内设计的建模与渲染能力

SketchUp 是一款由 Trimble 公司开发的 3D 建模工具软件，自 2000 年发布以来，SketchUp 凭借其直观的用户界面和强大的建模功能，迅速在设计界崭露头角，尤其在室内设计领域，SketchUp 已成为设计师们不可或缺的工具。

（一）SketchUp 的建模能力

SketchUp 以其独特的建模方式，为室内设计师们提供了极大的便利。它采用基于面的建模技术，使得用户可以通过简单的操作快速创建各种复杂的室内场景。SketchUp 的设计初衷就是让用户能够以非常简单的方式来创建 3D 模型，因此它的操作界面和工具设计都非常直观易懂。用户可以通过简单的拖拽操作和绘制线条来构建形状和体积。这种直观的操作方式，使得即使是初学者也能在短时间内掌握基本的建模技巧。

SketchUp 的建模流程非常高效。用户可以通过直线、曲线、圆弧等基本图形来构建模型的基础框架，然后通过推拉、移动、拉伸等命令对模型进行编辑和调整。此外，SketchUp 还具备组件和群组功能，使得用户可以将复杂的模型拆分成多个部分进行独立编辑，从而大大提高了建模效率。SketchUp 提供了多种建模工具，以满足不同设计需求。例如，用户可以使用"路径跟随"

工具沿着一条路径创建复杂的曲面模型，使用"放样"工具在两个截面之间创建过渡模型，以及使用"沙盒"工具进行地形建模等。这些工具使得用户能够轻松地创建各种复杂的室内场景。

SketchUp 模型库包含了大量的家具、装饰品、植物等室内元素，用户可以直接将其拖入场景中进行使用。而插件则提供了更多的高级功能，如材质编辑、光照模拟、渲染输出等，使得用户能够更加灵活地控制设计效果。

（二）SketchUp 的渲染能力

除了强大的建模能力外，SketchUp 还具备出色的渲染能力。它可以帮助设计师们将设计方案以逼真的图像形式呈现出来，从而更好地与客户沟通和展示设计成果。

SketchUp 内置了基本的渲染引擎，用户可以通过简单的设置和调整，快速生成渲染图像。虽然这些渲染图像可能不如专业渲染软件制作的图像那么逼真，但用于初步展示和沟通来说已经足够了。SketchUp 的渲染引擎支持多种渲染样式和滤镜效果，用户可以根据需要进行选择和调整。为了进一步提升渲染效果，用户可以安装第三方渲染插件。这些插件通常具有更加强大的渲染能力和更多的渲染选项。例如，V-Ray、Lumion、Maxwell 等都是非常受欢迎的 SketchUp 渲染插件，它们可以生成逼真的光影效果、材质贴图和动画效果，使得渲染图像更加生动和真实。

SketchUp 支持导入和编辑材质贴图，用户可以为模型添加逼真的材质和纹理效果。例如，通过导入木材、石材、玻璃等材质的贴图，可以为模型添加真实的质感。此外，SketchUp 还支持调整材质的参数（如颜色、光泽度、反射率等），使得材质效果更加逼真和丰富。SketchUp 提供了丰富的光照和阴影设置选项，用户可以根据需要调整光源的位置、强度和颜色等参数，以及阴影的软硬度、透明度等属性。合理设置光照和阴影，可以使得渲染图像更加生动和真实。例如，用户可以使用"日光"工具模拟自然光照效果，或者使用"聚光灯"工具创建特定的光照氛围。SketchUp 的渲染设置非常灵活，用户可以根据需要进行各种调整。例如，用户可以设置渲染的分辨率、抗锯齿级别、背景颜色等参数，以获得更高质量的渲染图像。此外，SketchUp 还支持渲染动画效果，用户可以通过设置关键帧和摄像机路径来渲染流畅的动画效果。

（三）SketchUp 在室内设计中的优势

SketchUp 的建模和渲染能力使得设计师们能够更高效地完成设计任务。用户可以通过简单的操作快速创建和编辑模型，并通过内置或第三方的渲染插件生成逼真的渲染图像。这种高效的工作流程大大缩短了设计周期，提高了设计效率。SketchUp 的建模过程是可逆的，用户可以随时对模型进行修改和调整。这种灵活性使得设计师们能够不断地完善和优化设计方案，直到达到满意的效果。此外，SketchUp 还支持历史记录功能，用户可以轻松地回到之前的某个版本进行修改，避免了重复劳动。

这些资源使得用户能够更加轻松地创建各种复杂的室内场景，并快速实现设计想法。同时，用户还可以通过在线社区和论坛与其他设计师交流经验、分享作品和获取帮助。SketchUp 不仅适用于室内设计领域，还被广泛应用于建筑设计、景观设计、工程和可视化等领域。广泛的应用领域使得 SketchUp 成为一款功能强大、用途广泛的 3D 建模工具软件。

（四）SketchUp 与其他软件的比较

虽然 SketchUp 在室内设计领域具有诸多优势，但与其他一些 3D 建模和渲染软件相比，仍存在一些不足之处。例如，与 3D Max，Maya 等专业建模软件相比，SketchUp 在高级建模功能和渲染效果上可能稍逊一筹。然而，这些软件通常具有更复杂的操作界面和更高的学习成本，不适合初学者和想要快速完成设计任务的设计师们使用。

相比之下，SketchUp 以其直观的用户界面、高效的建模流程和丰富的设计资源赢得了设计师们的青睐。它不仅能够满足大部分室内设计需求，还能够与其他软件进行良好的兼容和协作，为设计师们提供了更多的选择和可能性。

三、3ds Max 室内设计的高级渲染技术

3ds Max，由 Discreet 公司（后被 Autodesk 公司合并）开发的一款功能强大的三维建模、动画和渲染软件，被广泛应用于室内设计、影视制作、游戏开发等领域。在室内设计领域，3ds Max 凭借其强大的建模、材质编辑和渲染能力，为设计师们提供了无限创意空间，帮助他们将设计概念转化为逼真的三维场景。

（一）渲染引擎的选择

3ds Max 支持多种渲染引擎，包括默认的扫描线渲染器、Arnold 渲染器、V-Ray 渲染器等。不同的渲染引擎具有不同的特点和优势，适用于不同的渲染任务。在室内设计的高级渲染中，选择合适的渲染引擎至关重要。

扫描线渲染器是 3ds Max 内置的默认渲染引擎，适用于快速预览和初步渲染。它采用逐行扫描像素的方式来计算最终图像，渲染速度快，对计算资源要求低。然而，由于其渲染效果相对简单，不适合高质量的视觉效果渲染任务，如复杂光影和材质效果。

Arnold 渲染器是一款基于物理的渲染引擎，以其高质量的渲染效果而闻名。它采用蒙特卡洛路径追踪算法，能够模拟真实世界中的光线传播和反射折射，生成高度逼真的图像。Arnold 渲染器适用于需要高真实感的场景渲染，如室内光照模拟、材质细节表现等。然而，由于其计算成本较高，渲染时间相对较长。

V-Ray 渲染器是一款功能强大的渲染引擎，被广泛应用于室内设计、影视制作、游戏开发等领域。V-Ray 渲染器支持多种材质和光照模型，能够处理复杂的光影效果和材质细节。同时，它还提供了丰富的渲染参数设置和插件支持，使得用户能够更加灵活地控制渲染效果。

在室内设计的高级渲染中，建议根据具体需求选择合适的渲染引擎。对于需要快速预览和初步渲染的场景，可以选择扫描线渲染器；对于需要高真实感和细节丰富的场景，可以选择 Arnold 渲染器或 V-Ray 渲染器。

（二）光源与阴影的处理

光源与阴影的处理是室内设计渲染中的关键环节。合理设置光源和阴影参数，能够显著提升渲染图像的真实感和层次感。

3ds Max 支持多种光源类型，包括点光源、平行光源、聚光灯等。在室内设计渲染中，应根据场景需求和设计概念选择合适的光源类型。例如，使用点光源可以模拟灯泡或台灯等局部照明效果；使用平行光源可以模拟阳光等全局照明效果；使用聚光灯可以模拟射灯或舞台灯光等定向照明效果。光源的设置包括位置、亮度、颜色、阴影等参数。通过调整这些参数，可以控制光源在场景中的分布和效果。例如，调整光源的位置和亮度可以改变场景的明暗对比和光影效果；调整光源的颜色可以模拟不同时间段或环境下的光线色彩；开启阴影选项可以模拟光源投射到物体上产生的阴影效果，增加场景的真实感。

阴影是光源投射到物体上形成的暗部区域，对于渲染图像的真实感和层次感具有重要影响。3ds Max 支持多种阴影类型，包括阴影贴图、光线追踪阴影等。不同类型的阴影具有不同的特点和适用范围。阴影贴图是一种基于图像的阴影计算方法，适用于快速渲染和大场景渲染。阴影贴图的优点是渲染速度快，缺点是阴影质量相对较低，容易出现锯齿和噪点。光线追踪阴影的优点是阴影质量高，缺点是渲染速度相对较慢。对于需要快速渲染的场景，可以选择阴影贴图；对于需要高质量渲染的场景，可以选择光线追踪阴影。

（三）材质与纹理的优化

材质与纹理是室内设计渲染中的重要组成部分。通过合理设置材质和纹理参数，能够模拟真实世界中的物体表面特性和细节纹理，增加场景的真实感和细节丰富度。

1. 材质

3ds Max 支持多种材质类型，包括标准材质、多重子对象材质、混合材质等。不同类型的材质具有不同的特点和适用范围。标准材质是一种基本的材质类型，适用于大多数物体的表面模拟。通过调整标准材质的参数（如漫反射颜色、高光级别、光泽度等），可以模拟不同物体的表面特性。例如，调整漫反射颜色可以模拟物体的基础颜色；调整高光级别和光泽度可以模拟物体表面的光滑程度和反射效果。

多重子对象材质是一种复合材质类型，适用于模拟多个子对象表面的场景。通过为不同的子对象指定不同的材质，可以实现对复杂物体表面的模拟。例如，在一个家具模型中，可以为不同的部件（如桌面、桌腿、抽屉等）指定不同的材质，以模拟其不同的表面特性。

混合材质是一种特殊的材质类型，适用于模拟过渡效果的场景。通过混合两种或多种材质，可以产生平滑过渡的效果。例如，在一个渐变色的墙体上，可以使用混合材质来模拟颜色的渐变效果。

要模拟真实世界中的物体表面特性，可以选择标准材质；要模拟复杂物体表面，可以选择多重子对象材质；要模拟过渡效果，可以选择混合材质。

2. 纹理

纹理贴图是一种将图像应用于物体表面的技术，能够模拟真实世界中的物体表面细节和图案。在室内设计渲染中，纹理贴图对于增加场景的真实感和细节丰富度具有重要作用。纹理贴图的类型包括位图贴图、程序贴图等。位图贴图是一种基于图像的纹理贴图方式，适用于模拟真实世界中的物体表面细节和图案。程序贴图是一种基于数学公式的纹理贴图方式，适用于模拟具有规律性和重复性的纹理效果。在室内设计的高级渲染中，应根据具体需求选择合适的纹理贴图类型和设置参数。要模拟真实世界中的物体表面细节和图案，可以选择位图贴图；要模拟具有规律性和重复性的纹理效果，可以选择程序贴图。同时，还应注意纹理贴图的分辨率和贴图坐标的设置，以确保纹理效果的真实性和准确性。

（四）渲染参数的设置

渲染参数的设置对于渲染图像的质量和渲染速度具有重要影响。在室内设计的高级渲染中，应根据具体需求合理设置渲染参数，以平衡渲染质量和渲染速度。

图像采样器是渲染引擎用于计算像素颜色的工具。不同的图像采样器具有不同的特点和适用范围。在室内设计的高级渲染中，常用的图像采样器包括固定采样器、自适应细分采样器等。固定采样器是一种简单的图像采样工具，适用于快速渲染和大场景渲染。它通过为每个像素指定固定的采样数量来计算像素颜色。固定采样器的优点是渲染速度快，缺点是容易出现锯齿和噪点。自适应细分采样器是一种基于像素颜色变化的图像采样工具，适用于高质量渲染和细节丰富的场景。它通过根据像素颜色的变化自动调整采样数量来计算像素颜色。自适应细分采样器的优点是渲染质量高，缺点是渲染速度相对较慢。抗锯齿是一种用于减少图像锯齿和噪点的技术。在室内设计的高级渲染中，常用的抗锯齿方法包括高斯模糊、FXAA等。高斯模糊是一种基于高斯函数的模糊算法，能够使图像边缘变得平滑并减少锯齿；FXAA是一种基于屏幕空间的抗锯齿算法，能够快速减少图像中的锯齿和噪点。

在室内设计的高级渲染中，常用的全局照明方法包括发光贴图、光线追踪等。发光贴图是一种基于图像的全局照明方法，适用于快速渲染和大场景渲染。发光贴图的优点是渲染速度快，缺点是全局照明效果相对简单。光线追踪的优点是全局照明效果好，缺点是渲染速度相对较慢。在室内设计的高级渲染中，应根据具体需求选择合适的全局照明方法和光线追踪参数。对于需要快速渲染的场景，可以选择发光贴图；对于需要高质量渲染的场景，可以选择光线追踪。同时，还应注意调整全局照明的细分参数和光线追踪的反弹次数等参数，以确保全局照明效果的准确性和真实性。

渲染输出设置包括分辨率、格式、路径等参数。这些参数的设置对于渲染图像的质量和输出文件的格式具有重要影响。分辨率是渲染图像的重要参数之一。它决定了渲染图像的清晰度和细节丰富度。在室内设计的高级渲染中，应根据具体需求设置合适的分辨率。用于展示和打印，可以选择较高的分辨率；用于在线查看和分享，可以选择较低的分辨率以节省存储空间和网络带宽。

格式是渲染输出文件的格式类型。在室内设计的高级渲染中，常用的格式类型包括PNG，JPG，TIFF等。PNG格式支持透明背景和无损压缩，适用于需要透明背景和高质量图像的场景；JPG 格式采用有损压缩，适用于需要较小文件和较快加载速度的场景；TIFF 格式则支持多种颜色深度和压缩方式，适用于需要高质量打印和存档的场景。在选择格式时，应根据具体需求和用途进行权衡。

路径是渲染输出文件的存储位置。在室内设计的高级渲染中，应确保路径设置正确且存储空间充足，以避免渲染过程中因路径错误或存储空间不足而渲染失败或中断。

（五）渲染加速技术

为了提高室内设计渲染的效率，可以采用多种渲染加速技术。这些技术包括利用 GPU 加速、分布式渲染、渲染农场等。

GPU（图形处理器）在图形处理方面具有强大的计算能力，能够显著提高渲染速度。在 3ds Max 中，许多渲染引擎都支持 GPU 加速，如 V-Ray、Arnold 等。通过启用 GPU 加速，可以将渲染任务分配给 GPU 进行处理，从而大大缩短渲染时间。然而，要注意的是，GPU 加速的效果取决于 GPU 的性能和渲染任务的复杂性。因此，在选择和使用 GPU 加速时，应确保 GPU 性能足够强大，并合理设置渲染参数以充分利用 GPU 的计算能力。

分布式渲染是一种将渲染任务分解为多个子任务，并分配给多台计算机进行处理的技术。通过分布式渲染，可以充分利用多台计算机的计算资源，提高渲染效率。在 3ds Max 中，可以使用内置的渲染农场功能或第三方分布式渲染软件来实现分布式渲染。在使用分布式渲染时，应确保各台计算机之间的网络连接稳定，并合理分配渲染任务以充分利用计算资源。

渲染农场是一种专门用于渲染的计算机集群，通常由多台高性能计算机组成。通过渲染农场，计算机可以大规模地进行并行渲染，显著提高渲染效率。对于具有大量渲染任务的室内设计项目，设计师可以考虑使用渲染农场来加速渲染。在选择和使用渲染农场时，应关注其计算能力、稳定性、安全性以及价格等方面。

四、Revit 的 BIM 室内设计理念与优势

（一）Revit 的 BIM 室内设计理念

BIM 技术是一种集成了建筑设计、施工、运维等全生命周期信息的三维数字模型技术。它通过将建筑项目的所有信息整合到一个模型中，实现了信息的共享、协同和高效利用。Revit 作为 BIM 技术的代表性软件之一，在室内设计中贯彻了以下理念：

Revit 的 BIM 室内设计理念强调建立一个包含建筑所有信息的三维数字模型。这个模型不仅包含了几何信息，如空间布局、尺寸、形状等，还包含了非几何信息，如材料属性、成本、施工工艺等。通过全信息模型，设计师可以更加全面地了解和掌握设计项目，为后续的施工和运维提供有力支持。Revit 支持多人协作，设计师、工程师、施工人员等不同专业的团队成员可以在同一个模型中工作，实现信息的实时共享和协同。这种协同设计方式大大提高了设计效率和质量，减少了因信息沟通不畅而导致的错误和冲突。

Revit 的 BIM 室内设计理念强调通过三维模型进行可视化设计。Revit 的 BIM 室内设计理念强调参数化设计。此外，参数化设计还有助于自动化生成施工图纸和工程量清单，提高设计效率。

（二）Revit 的 BIM 室内设计优势

1.Revit 的 BIM 室内设计可以显著提高设计效率

通过三维建模和可视化设计，设计师可以更加直观地了解设计项目，减少反复修改和优化的时间。此外，Revit 还支持多人协作和协同设计，设计师可以与其他专业团队成员实时共享和更新设计信息，避免信息孤岛和重复劳动。

2.Revit 的 BIM 室内设计可以提升设计质量

通过全信息模型，设计师可以更加全面地了解和掌握设计项目，包括空间布局、材料属性、成本等方面的信息。这有助于设计师更加准确地把握设

计方向和优化设计方案。此外，Revit 还支持碰撞检查功能，可以自动检测设计中的冲突和错误，避免施工过程中的修改和返工。

3.Revit 的 BIM 室内设计可以降低施工成本

通过全信息模型，设计师可以更加准确地计算材料用量和施工工程量，减少材料浪费和人工成本的支出。同时，Revit 还支持自动生成施工图纸和工程量清单，减少人工绘图和计算的工作量。此外，Revit 还具备施工模拟功能，可以提前模拟施工过程，发现并解决潜在的问题，降低施工风险。

第三节 软件功能特点分析

一、室内设计软件的设计绘图与建模功能

室内设计是一个融合了艺术与科学的领域，它要求设计师不仅具备审美眼光，还要掌握高超的设计技能。随着计算机技术的飞速发展，室内设计软件已成为设计师不可或缺的工具。这些软件以其强大的设计绘图与建模功能，极大地提升了设计的效率与精度，使得设计师能够以前所未有的方式展现其创意。

（一）设计绘图功能

设计绘图是室内设计的基础，它涵盖了从初步草图到详细施工图的整个过程。室内设计软件在设计绘图方面的功能主要体现在以下几个方面：

室内设计软件通常提供丰富的二维绘图工具，如线条、矩形、圆形、多边形等基本图形绘制工具，以及移动、旋转、缩放等编辑操作。这些工具使得设计师能够快速勾勒出房间的平面布局，包括墙体位置、门窗开口、家具摆放位置等。此外，软件还支持图层管理，方便设计师对不同设计元素进行分层处理，便于后续修改和管理。

虽然二维平面图是设计的基础，但三维立体视图对于直观展示设计效果至关重要。室内设计软件能够将二维平面图自动转换为三维模型，提供多角度的视图切换，如俯视图、仰视图、侧视图等。设计师可以通过调整视角和缩放比例，全面审视设计效果，及时发现并修正存在的问题。在设计图纸上添加标注和注释是保证施工准确性的关键。室内设计软件通常内置了丰富的标注工具，如尺寸标注、文字注释、符号标记等。设计师可以方便地标注出墙体的厚度、门窗的尺寸、家具的摆放位置等信息，确保施工图纸清晰易懂。

为了提高设计效率，室内设计软件通常提供多种样式和模板供设计师选择。这些样式和模板涵盖了不同的设计风格、材料质感和色彩搭配，使得设计师能够快速创建出符合项目要求的设计图纸。同时，设计师还可以根据自己的喜好和需求定制样式和模板，进一步提高设计的个性化和效率。设计完成后，室内设计软件支持将设计图纸导出为多种格式的文件，如JPEG、PNG、PDF等，便于与客户、施工方等进行沟通和分享。同时，软件还支持高质量的打印输出，确保施工图纸的清晰度和可读性。

（二）建模功能

建模是室内设计软件中最为核心的功能之一，它使得设计师能够创建出逼真的三维模型，直观地展示设计效果。

室内设计软件提供了一系列基本建模工具，如拉伸、旋转、放样、布尔运算等。设计师可以利用这些工具创建出各种形状的物体，如墙体、门窗、家具等。这些基本建模工具是构建复杂场景的基础。参数化建模是室内设计软件中的一项高级功能。它允许设计师通过设定参数来控制模型的形状和尺寸。例如，设计师可以设定一个椅子的高度、宽度和深度等参数，然后软件会根据这些参数自动生成相应的椅子模型。参数化建模大大提高了设计的灵活性和可重用性。

在建模过程中，为模型添加合适的材质和贴图是至关重要的。室内设计软件提供了丰富的材质库和贴图库，包括木材、石材、金属、玻璃等多种材质。设计师可以方便地选择并应用到模型上，使模型看起来更加逼真和生动。同时，软件还支持自定义材质和贴图,以满足设计师的特殊需求。灯光和阴影是营造空间氛围的关键因素。同时,软件还支持实时阴影计算,使得设计效果更加逼真和立体。

除了静态的设计展示外,室内设计软件还支持创建动画和漫游效果。设计师可以设定相机的移动路径和视角变化,然后软件会根据这些设定生成相应的动画或漫游视频。这种动态展示方式能够更直观地展示设计效果,帮助客户更好地理解设计师的意图。在设计过程中,模型的数量和复杂度可能会不断增加,导致软件运行速度变慢。因此,室内设计软件通常具有模型优化功能,如合并模型、减少面数、压缩纹理等,以提高软件的运行效率。同时,软件还支持将模型导出为多种格式的文件,如 OBJ、FBX、3DS 等,便于与其他软件进行交互和渲染。

二、室内设计软件的材质与纹理处理技巧

在室内设计领域,材质与纹理的处理是提升设计真实感和细节表现力的关键。室内设计软件,如 3ds Max、SketchUp、AutoCAD 等,都具备强大的材质与纹理处理功能,帮助设计师模拟出更加逼真和个性化的设计效果。

(一)材质与纹理的基础概念

在深入探讨技巧之前,我们先来了解一下材质与纹理的基本概念。

材质是物体表面的物理属性,包括颜色、光泽度、反射率、折射率等。在室内设计软件中,材质通常通过材质编辑器来创建和编辑。纹理是物体表面的图案或结构,可以是自然的,如木材的纹理,也可以是人为的,如壁纸的图案。纹理通常通过贴图来实现,贴图是一种二维图像,可以映射到三维模型表面。

(二)材质的创建与编辑

不同的材质类型具有不同的物理属性,如金属、木材、玻璃等。室内设

计软件通常提供了多种预设的材质类型供设计师选择。设计师可以根据设计需求选择合适的材质类型，并在此基础上进行调整。

材质的基本属性包括颜色、光泽度、反射率、折射率等。在使用材质编辑器时，设计师可以通过调整这些属性来模拟不同材质的效果。例如，通过调整反射率和光泽度，可以模拟金属表面的光泽和反射效果；通过调整折射率和透明度，可以模拟玻璃等透明材质的效果。为了增强材质的真实感和细节表现力，设计师通常会使用纹理贴图。纹理贴图可以通过多种方式获取，如拍摄实物照片、使用现成的纹理库资源等。在使用室内设计软件时，设计师可以通过将纹理贴图拖放到材质编辑器的相应通道中，如漫反射通道、反射通道等，来应用纹理贴图。

（三）纹理贴图的处理技巧

不同的贴图类型适用于不同的材质和效果。常见的贴图类型包括位图贴图、程序贴图、混合贴图等。位图贴图使用像素图像作为纹理，可以表现丰富的颜色和细节；程序贴图通过算法生成纹理，文件较小且可无限放大而不失真；混合贴图则结合了位图和程序贴图的特点，通过混合模式取得多样化的纹理效果。贴图的坐标决定了其在模型表面的位置和大小。在使用室内设计软件时，设计师可以通过调整贴图的 U，V，W 坐标来控制其在模型表面的映射效果。此外，还可以调整贴图的缩放、旋转、倾斜等参数，以取得更加精细的贴图效果。

UVW 贴图编辑器是室内设计软件中一个强大的工具，它允许设计师对贴图进行更加精细的调整。通过 UVW 贴图编辑器，设计师可以手动调整贴图的坐标、大小、旋转等参数，以取得更加贴合模型表面的贴图效果。此外，还可以利用 UVW 贴图编辑器中的展开和缝合功能，对复杂的模型表面进行贴图处理。法线贴图和置换贴图是两种特殊的贴图类型，它们可以在不增加模型面数的情况下增强模型的细节表现力。法线贴图通过记录物体表面的法线信息，在平滑的表面上模拟出凹凸不平的视觉效果；置换贴图则通过灰度图像来控制模型表面几何体的形状，创建出真实的地形效果。

（四）材质与纹理的协同应用

在实际设计中，很少会有单一材质和纹理的情况。设计师通常会结合多种材质与纹理来创造更加丰富和复杂的设计效果。例如，在墙面设计中，可以将壁纸的图案与木材的纹理相结合，创造出独特的墙面效果；在地面设计中，则可以将石材的纹理与地毯的图案相结合，营造出温馨舒适的氛围。

材质与纹理不仅能够增强设计的真实感和细节表现力，还能够营造不同的空间氛围。例如，使用暖色调的木材纹理和柔和的灯光效果，可以营造出温馨舒适的居住氛围；使用冷色调的金属材质和硬朗的线条设计，则可以营造出现代简约的办公氛围。在设计过程中，设计师还要考虑材质与纹理的实际应用效果。例如，在选择壁纸时，要考虑其耐磨性、易清洁性等实际使用需求；在选择地板材质时，则要考虑其防滑性、耐磨性等安全因素。通过综合考虑材质与纹理的实际应用效果，可以确保设计方案的可行性和实用性。

（五）材质与纹理处理的高级技巧

环境光遮蔽贴图是一种模拟柔和阴影效果的图形渲染技术，它能够在不增加模型面数的情况下增强场景的真实感和层次感。

混合贴图是一种将多张贴图通过一定的算法混合在一起的技术，它可以创造出更为复杂和真实的表面效果。在室内设计软件中，设计师可以利用混合贴图技术来实现多种材质与纹理的叠加与融合，创造出独特的设计效果。渲染引擎是室内设计软件中实现真实感渲染的关键组件。通过结合渲染引擎，设计师可以进一步提升材质与纹理的视觉效果。例如，利用 V-Ray 等高级渲染引擎可以模拟更加逼真的光影效果和材质反射效果，使设计作品更加生动和吸引人。

三、室内设计软件的光影效果模拟与调整

在室内设计领域，光影效果的模拟与调整是提升设计作品真实感和营造特定氛围的关键环节。室内设计软件通过先进的渲染技术和光影模拟算法，

使设计师能够在虚拟环境中精准地控制光影,从而创造出既美观又真实的设计图。

(一)光影效果在室内设计中的重要性

光影效果是室内设计中不可或缺的元素,它不仅能够增强空间层次感,还能引导视觉焦点,营造出不同的氛围和情感。例如,柔和的自然光能够营造出温馨舒适的居住环境,而强烈的人工光则能够营造出现代简约的办公氛围。因此,光影效果的模拟与调整是室内设计中不可忽视的重要环节。

(二)室内设计软件的光影模拟功能

现代室内设计软件,如 3ds Max,SketchUp,Lumion 等,都配备了强大的光影模拟功能,使设计师能够在虚拟环境中精准地控制光影效果。

阴影是光影效果中不可或缺的元素,它能够增强空间层次感,使设计作品更加真实。室内设计软件通常提供多种阴影模拟算法,如硬阴影、软阴影、区域阴影等,以及丰富的阴影属性设置,如阴影强度、硬度、模糊度等。设计师可以通过调整这些参数来模拟不同类型的阴影效果,如锐利的日光阴影、柔和的室内灯光阴影等。

全局光照是一种高级的渲染技术,它能够模拟光线在物体之间的反射和散射效果,从而创造出更加真实的光影效果。室内设计软件大多具有全局光照模拟功能,使设计师能够在虚拟环境中模拟光线在物体之间制造的光影效果,从而增强设计的真实感和层次感。环境光是指来自周围环境的光线,它能够增强设计的真实感和层次感。HDRI(高动态范围图像)贴图是一种用于模拟环境光的技术,它能够捕捉真实世界中的光线和色彩信息,并将其应用于虚拟环境中。室内设计软件通常具备 HDRI 贴图功能,使设计师能够通过导入 HDRI 贴图来模拟真实世界中的环境光效果。

(三)光影效果的调整技巧

在使用室内设计软件时,想要调整光影效果,设计师应掌握一定的技巧。

光源的布局对光影效果的影响至关重要。设计师应根据室内空间的布局和功能需求,合理布置光源,避免光源过于集中或分散。例如,在客厅中,可以将主灯置于天花板中央,同时辅以壁灯和台灯等辅助光源,以营造出温馨舒适的氛围。对阴影进行精细调整能够增强空间层次感,使设计作品更加真实。设计师可以通过调整阴影的强度、硬度和模糊度等参数来模拟不同类型的阴影效果。例如,在模拟自然光时,可以使用软阴影来模拟日光透过窗户产生的柔和阴影;在模拟人工光时,则可以使用硬阴影来模拟灯光直射产生的锐利阴影。

全局光照的优化是提升光影效果真实感的关键。设计师可以通过调整全局光照的强度和颜色等参数来模拟不同时间和天气条件下的光线效果。同时,还可以利用软件的渲染设置来优化全局光照的计算效率和质量,以获得更加逼真的光影效果。对环境光与 HDRI 贴图的巧妙运用能够增强设计的真实感和层次感。设计师可以通过导入 HDRI 贴图来模拟真实世界中的环境光效果,从而营造出更加逼真的光影效果。同时,还可以利用软件的色彩校正功能来调整 HDRI 贴图的色彩和亮度等参数,以获得更加理想的光影效果。

材质与纹理对光影效果的影响也不容忽视。不同的材质和纹理对光线的反射和散射具有不同影响,从而影响光影效果的呈现。因此,设计师在选择材质和纹理时,应考虑其对光影效果的影响,并根据实际需求进行调整。例如,在模拟金属材质时,可以增加其反射率和光泽度等参数来增强其对光线的反射效果;在模拟木质材质时,则可以调整其纹理和颜色等参数来模拟其独特的质感和色彩。

(四)光影效果模拟与调整的实际应用

在室内设计实践中,光影效果的模拟与调整被广泛应用于各种场景和项目中。

在居住空间设计中,对光影效果的模拟与调整对于营造温馨舒适的居住环境至关重要。设计师可以通过调整光源的布局和阴影的精细度等参数来模拟自然光和人工光的效果,从而创造出既明亮又舒适的居住空间。在商业空间设计中，对光影效果的模拟与调整则更加注重对氛围的营造和对视觉焦点的引导。设计师可以通过运用特殊的光影效果来突出展示商品或吸引顾客的注意力，从而提升商业空间的吸引力和竞争力。在公共空间设计中，对光影效果的模拟与调整则更加注重对空间感和层次感的表现。设计师可以巧妙运用全局光照模拟和环境光与HDRI贴图来营造出更加开阔和通透的空间感，同时利用阴影的精细调整来增强空间的层次感。

四、室内设计软件的动画与漫游制作能力

在室内设计领域，随着计算机图形学、虚拟现实（VR）及增强现实（AR）技术的飞速发展，室内设计软件的动画与漫游制作能力已成为设计师不可或缺的助力。这些功能不仅极大地提升了设计效率，还使得设计方案的展示更加直观、生动，从而增强了与客户之间的沟通效果。

（一）动画与漫游制作的技术原理

动画与漫游制作是室内设计软件的核心功能之一，主要依赖于计算机图形学、虚拟现实技术和交互设计原理。

计算机图形学是动画与漫游制作的基础。计算机图形学研究如何在计算机中生成、处理和显示图像。在室内设计软件中，计算机图形学技术被用来创建三维模型、纹理贴图、光照渲染等，生成逼真的虚拟室内环境。虚拟现实技术是一种可以创建和让用户体验虚拟世界的计算机仿真系统。在室内设计软件中，虚拟现实技术被用来让用户获得沉浸式的漫游体验。用户可以通过佩戴VR设备，在虚拟室内环境中自由行走、观察，甚至与虚拟对象进行交互。交互设计原理关注如何使产品、系统或服务易于使用和令人愉悦。在室内设计软件中，交互设计原理被用来优化用户界面、操作流程等，使得动画与漫游制作功能更加直观、易用。

（二）动画与漫游制作的应用优势

动画与漫游制作功能使得设计师能够利用室内设计软件快速将设计方案

制作成动态展示和虚拟漫游作品,这极大地缩短了设计周期,提高了设计效率。通过动画与漫游制作,设计师可以更加直观地向客户展示设计方案。客户可以在虚拟环境中自由行走、观察,从而更好地理解设计理念和细节,这有助于增强设计师与客户之间的沟通效果,减少误解和冲突。

动画与漫游制作功能使得客户能够在虚拟环境中提前感受设计效果,这有助于客户更好地理解和接受设计方案,从而提高客户满意度。现代室内设计软件通常支持多平台展示,包括电脑、手机、平板电脑等,这使得动画与漫游制作成果可以在不同设备上被轻松分享和展示,扩大了设计作品的传播范围。

(三)动画与漫游制作的操作技巧

在使用室内设计软件进行动画与漫游制作时,掌握一些操作技巧能够显著提升制作效率和效果。

关键帧是动画制作中的核心元素。设计师要合理设置关键帧,以确定动画的运动轨迹和速度。通过调整关键帧的位置和属性,可以制作出流畅、自然的动画。

材质与灯光是动画与漫游制作中至关重要的元素。设计师要根据设计方案和客户需求,精细调整材质和灯光的参数,以获得最佳视觉效果。例如,在模拟自然光时,可以使用柔和的光线和阴影来增强真实感;在模拟人工光时,则可以使用硬阴影和强烈的光线来突出重点。

场景布局对于动画与漫游制作的效果至关重要。设计师要合理布置场景中的物体和元素,以确保动画的流畅性和漫游的便捷性。同时,还要注意场景中的细节处理,如纹理贴图、光照效果等,以提升整体视觉效果。现代室内设计软件通常支持插件和脚本的使用。这些插件和脚本可以扩展软件的功能和性能,提高动画与漫游制作的效率和质量。设计师可以根据需要选择合适的插件和脚本进行使用。

第四节 软件操作界面与工具详解

一、室内设计软件的界面布局与导航操作

直观、易用且功能强大的界面布局，以及高效、灵活的导航操作，能够帮助设计师更快速、准确地完成设计任务，提升工作效率。

（一）界面布局的设计原则

界面布局应直观易懂，使设计师能够快速找到所需功能和工具。图标、按钮和菜单应简洁明了，符合设计师的操作习惯。界面布局设计应保持一致性，避免在不同模块或功能区域之间出现混乱的布局和风格。这有助于设计师快速适应和掌握软件操作技巧。

界面布局应具有一定的可定制性，允许设计师根据个人喜好和工作习惯调整布局。例如，可以自定义工具栏、快捷键等。界面布局应具备良好的适应性，能够根据不同设备和屏幕尺寸自动调整布局。这有助于设计师在不同环境下都能高效使用软件。界面布局应注重高效性，将常用功能和工具放置在易于访问的位置，减少操作步骤和时间。

（二）室内设计软件的常见界面布局

菜单栏通常位于界面的顶部，包含软件的各项主要功能和设置选项，设计师可以通过点击菜单项来使用相应的功能。工具栏通常位于菜单栏下方，包含常用的工具和快捷键，设计师可以通过点击工具按钮来快速执行相应操作。

视图区域是设计师进行绘图和编辑的主要工作区域。它通常占据界面的大部分空间，并可以显示不同的视图（如顶视图、前视图、透视图等）。属性面板通常位于视图区域的一侧或底部，用于显示和编辑选中对象的属性（如

尺寸、颜色、材质等）。状态栏通常位于界面的底部，用于显示当前操作的状态信息（如坐标、尺寸、比例等）。导航栏通常位于界面的顶部或左侧，用于在不同模块或功能区域之间快速切换。

（三）室内设计软件的导航操作

菜单导航是最基本的导航方式。设计师可以通过点击菜单栏中的菜单项来使用相应的功能。菜单项通常会以层级结构的形式呈现，设计师可以通过点击子菜单来进一步展开选项。工具栏导航是一种快速访问常用工具的导航方式。设计师可以通过点击工具栏中的工具按钮来快速执行相应操作。工具栏通常位于菜单栏下方，方便设计师快速访问。

视图导航允许设计师在不同视图之间快速切换。例如，在室内设计软件中，设计师可以通过点击视图选项卡来切换不同的视图（如顶视图、前视图、透视图等）。属性面板导航用于显示和编辑选中对象的属性，设计师可以通过点击属性面板中的不同选项卡来访问对象的属性设置选项。导航栏导航允许设计师在不同模块或功能区域之间快速切换。例如，在室内设计软件中，设计师可以通过点击导航栏中的不同图标来访问不同的设计模块（如家具布置、灯光设计、材质贴图等）。快捷键导航是一种高效的导航方式，设计师可以通过按下预设的快捷键来快速执行常用操作。快捷键导航可以显著提高设计师的工作效率。

（四）界面布局与导航操作的操作技巧

设计师可以根据自己的工作习惯和需求自定义工具栏。将常用工具放置在易于点击的位置，减少操作时间和步骤。掌握常用的快捷键可以显著提高设计师的工作效率。设计师可以通过按下预设的快捷键来快速执行常用操作，如保存文件、撤销操作等。

设计师应根据设计需求和任务类型合理设置视图。例如，在进行家具布置时，可以使用顶视图来更准确地定位家具位置；在进行灯光设计时，可以使用透视图来更直观地观察照明效果。属性面板是编辑对象属性的重要工具。

设计师应充分利用属性面板来设置对象的尺寸、颜色、材质等属性，以获得更逼真的设计效果。导航栏是快速访问不同模块或功能区域的重要工具。设计师应熟悉导航栏中的不同图标和选项，以便在不同模块或功能区域之间快速切换。

二、室内设计软件的常用工具栏介绍

一个高效、直观的软件界面，配合合理的工具栏布局和快捷键设置，可以显著提升设计师的工作效率。

（一）室内设计软件的常用工具栏介绍

在室内设计软件中，工具栏通常位于界面的顶部或侧边，包含了设计师在进行设计工作时常用的工具和命令。

标准工具栏是几乎所有室内设计软件都具备的基础工具栏，它包含了文件操作（如新建、打开、保存等）、编辑操作（如复制、粘贴、剪切等）、视图操作（如缩放、平移、全图显示等）以及一些常用的绘图工具（如直线、圆、矩形等）。这些工具是设计师进行任何设计工作的基础。

绘图工具栏主要提供绘图工具，帮助设计师在视图区域中绘制各种图形和线条。这些工具包括但不限于直线、多段线、圆弧、圆、椭圆、矩形、多边形等。设计师可以通过选择这些工具，在视图区域中绘制出所需的设计元素。修改工具栏包含了用于修改已绘制图形的工具，如移动、旋转、缩放、镜像、阵列等。设计师可以使用这些工具对图形进行精确的调整和优化，以满足设计要求。标注工具栏提供了各种标注工具，用于在设计图纸上添加尺寸、文字、符号等信息。这些标注有助于设计师和施工人员更好地理解和实施设计方案。常见的标注工具包括线性标注、对齐标注、半径标注、直径标注、角度标注等。图层工具栏用于管理设计图纸中的图层。图层是组织和管理设计元素的有效方式，可以帮助设计师更好地控制图纸的复杂性和可读性。属性工具栏用于显示和编辑选中对象的属性。设计师可以通过属性工具栏查看和修改对象的颜色、线型、线宽、材质等属性，以取得更精细的设计效果。样式工具栏提供了各种样式设置工具，如文字样式、标注样式、表格样式等。设计师可以使用这些工具来统一设计图纸中的样式，提高图纸的整体美观性和一致性。

（二）如何高效使用工具栏

设计师应熟悉软件中工具栏的布局和位置，以便在需要时能够快速找到所需工具。同时，设计师还可以根据自己的使用习惯自定义工具栏的布局和顺序。设计师应掌握一些常用的快捷键，并尝试在日常设计工作中使用它们。通过不断练习，设计师可以逐渐提高使用快捷键的熟练度，从而提高设计效率。

在实际设计过程中，设计师可以将工具栏与快捷键结合起来使用。例如，在绘制直线时，可以先按下相应快捷键激活直线工具，然后在视图区域中指定直线的起点和终点。这种结合使用的方式可以进一步提高设计效率。设计师应定期复习和练习工具栏与快捷键的使用，以巩固记忆并提高熟练度。可以通过模拟设计任务、参加软件培训等方式进行练习。

三、室内设计软件的图层管理与编辑技巧

（一）图层的基本概念与重要性

在室内设计软件中，图层就像一个设计项目的"文件夹"，可以将不同类型的信息（如线条、注释、填充等）分开管理。图层管理的重要性体现在以下几个方面：

1. 提高可读性

通过图层管理，设计师可以将不同类型的设计元素分开显示或隐藏，使图纸更加清晰易读。

2. 简化修改过程

当修改某个设计元素时，设计师只须在相应的图层上进行操作，而不会干扰到其他图层的内容。

3. 提高设计效率

通过图层管理，设计师可以快速切换和编辑某个图层，从而提高设计效率。

（二）图层管理的基本操作

1. 新建图层

通过图层管理面板或快捷键（如 Ctrl+Shift+N），设计师可以新建图层，并为图层命名。新建图层时，可以根据不同的设计内容，将不同类型的设计元素分配到不同的图层上。

2. 删除图层

当不再需要某个图层时，设计师可以通过图层管理面板或快捷键（如 Alt+D）将其删除。但要注意的是，删除图层前应确保该图层上的所有设计元素都已得到妥善处理，以免造成数据丢失。

3. 重命名图层

通过双击图层名称或右键选择重命名选项，设计师可以为图层设置更加直观和易于理解的名称。这有助于在设计过程中快速定位和查找图层。

4. 设置图层颜色、线型、线宽

通过图层管理面板，设计师可以为图层设置不同的颜色、线型和线宽，以便更好地区分和展示不同类型的设计元素。

（三）图层编辑技巧

在室内设计过程中，图层编辑技巧同样重要。通过合理编辑图层，设计师可以更加灵活地控制设计内容，提高设计效率和质量。

1. 图层的打开与关闭

设计师可以根据需要随时打开或关闭不同的图层，以适应具体的设计需求。例如，当要细致地查看某个图层时，设计师可以单独打开它，而其他图层则保持关闭状态，这有助于设计师专注于当前任务。

2. 图层的冻结与解冻

冻结图层可以暂时停止该层的计算，减少程序的运行负担。在处理大型图纸或复杂设计时，冻结那些不必要的图层，可以帮助设计师更流畅地进行其他操作。要使用时，解冻图层即可。

3. 图层锁定

锁定图层可以防止意外修改。当设计师不希望某个图层上的设计元素被误操作时，可以将其锁定。锁定图层后，该图层上的所有设计元素都将无法被编辑。

4. 图层淡入度调整

通过调整图层的淡入度，设计师可以为图层内容添加透明度，从而在图纸上呈现层次分明的展示效果。这对于表现设计元素的叠加关系或营造特定的视觉效果非常有用。

5. 置为当前图层

在工作中，特定图层可能频繁被使用。将其置为当前图层后，设计师可以更方便地进行绘制和编辑操作，从而提高工作效率。

6. 匹配图层

通过匹配图层功能，设计师可以快速将一个对象的图层属性应用到其他图层上。这有助于保持图纸的一致性，简化图层的管理过程。

7. 上一个图层

在编辑多个图层时，能够快速返回至上一个图层非常便利。尤其在细致调整环节，这一功能可以大大提高工作流畅性。

8. 更改为当前图层

有时，设计师要将特定的对象转移到另一个图层上。通过更改为当前图层功能，设计师可以快速实现这一目标，使设计过程更为高效。

（四）图层组与图层状态管理器

在室内设计软件中，图层组和图层状态管理器是图层管理的高级工具。通过合理使用这些工具，设计师可以进一步提高图层管理的效率和灵活性。

图层组可以将相关图层进行分组，从而实现一次性管理和控制。在大型设计项目中，管理众多图层可能会变得十分烦琐。通过使用图层组，设计师可以简化复杂项目的管理过程，提高设计效率。

图层状态管理器允许用户保存和恢复不同图层的状态。这在多次对图层显示进行切换的情况下尤其方便。当设计师要演示或切换不同场景时，使用图层状态管理器可以快速恢复之前的图层设置，从而提高工作效率。

四、室内设计软件的视图控制与渲染设置

室内设计软件是现代室内设计师不可或缺的工具，具有强大的三维建模、渲染和视图控制功能。通过合理利用这些功能，设计师可以更高效地创建和展示设计方案。

（一）视图控制

视图控制是室内设计软件的基础功能之一，它允许设计师以不同的角度和方式查看设计模型。通过视图控制，设计师可以更全面地了解设计方案的细节和整体效果，从而进行更准确的调整和优化。

1. 基本视图控制

大多数室内设计软件都提供了多种基本视图控制工具，如缩放、平移、旋转等。这些工具帮助设计师在三维空间中自由移动和查看设计模型。

缩放工具允许设计师放大或缩小视图，以便更详细地查看设计模型的局部或整体效果。缩放可以通过鼠标滚轮、快捷键（如 Ctrl+ 鼠标滚轮）或视图控制区的缩放按钮来实现。平移工具允许设计师在保持当前缩放比例的情况下移动视图，以便查看设计模型的不同部分。旋转工具允许设计师围绕设计模型旋转视图，以便从不同角度查看设计效果。

2. 高级视图控制

除了基本视图控制工具外，一些室内设计软件还提供了高级视图控制功能，如视图最大化显示、视图切换等。这些功能进一步增强了设计师的视图控制能力。

视图最大化显示工具允许设计师将当前视图中的某个对象或区域放大至最大，以便更详细地查看其细节。这可以通过快捷键（如 Z 键）或视图控制区的最大化显示按钮来实现。

视图切换工具允许设计师在不同的视图之间快速切换，如顶视图、前视图、左视图等。这可以通过快捷键（如 F 键、T 键、L 键等）或视图控制区的视图切换按钮来实现。视图切换有助于设计师从不同角度查看设计模型，从而更全面地了解其结构和布局。

3. 视图预设与保存

为了方便设计师快速切换视图，一些室内设计软件还提供了视图预设与保存功能。通过预设视图，设计师可以将常用的视图设置保存起来，并在需要时快速调用。

视图预设允许设计师将当前视图设置保存为一个预设文件，这可以通过视图控制区的预设按钮或菜单选项来实现。预设文件中包含了视图的缩放比例、平移位置、旋转角度等信息。

视图保存与加载允许设计师将当前视图保存为一个独立的文件，并在需要时快速加载，这可以通过文件菜单或视图控制区的保存与加载按钮来实现。保存的视图文件可以包含视图的全部信息，包括缩放比例、平移位置、旋转角度以及视图中的对象显示状态等。

（二）渲染设置

渲染设置是室内设计软件的另一个重要功能，它允许设计师对设计模型进行高质量的渲染输出，以便更真实地展示设计方案。

1. 基本渲染设置

基本渲染设置包括输出大小、图像纵横比、抗锯齿过滤器等。这些设置直接影响渲染图像的质量和渲染速度。

输出大小决定了渲染图像的分辨率。分辨率越高，图像质量越高，但渲染时间也会相应增加。设计师应根据实际需求选择合适的输出大小。图像纵横比决定了渲染图像的宽高比例。设计师应根据构图需要设定合适的纵横比，并确保锁定纵横比以避免图像变形。抗锯齿过滤器用于使图像边缘变得平滑，减少锯齿状伪影。设计师可以根据实际需求选择合适的抗锯齿过滤器类型和级别。

2. 高级渲染设置

除了基本渲染设置外，一些室内设计软件还提供了高级渲染设置，如全局照明、间接照明、材质设置等。这些设置进一步增强了渲染图像的真实感和细节表现。

全局照明用于模拟自然光和人工光源对设计模型的影响。通过打开全局照明环境（如天光）覆盖，设计师可以更真实地展示设计模型的光影效果。间接照明用于模拟光线在物体表面之间的反射和散射效果。通过配置间接照明设置（如首次反弹引擎、二次反弹引擎等），设计师可以生成更真实的光影效果和环境反射。材质设置用于定义设计模型表面的光学属性，如颜色、反射率、光泽度等。通过双击创建材质并调整其属性，设计师可以生成具有真实质感的渲染图像。同时，设计师还可以使用HDR贴图等高级材质技术来增强渲染图像的真实感和细节表现。

3. 渲染优化与加速

在进行高质量渲染时，渲染时间和计算资源往往成为限制因素。

通过降低渲染质量设置（如输出大小、图像采样率等），设计师可以在保证渲染图像基本可用的前提下减少渲染时间。渲染农场是一种分布式计算资源，可以并行处理多个渲染任务。通过将渲染任务提交到渲染农场，设计师可以充分利用计算资源并加速渲染过程。

光子图是一种预渲染的间接照明数据，可以在后续渲染中重复使用。通过保存并加载光子图，设计师可以节省大量计算资源并加速渲染过程。通过优化场景和模型（如减少面数、合并相似对象等），设计师可以降低渲染计算的复杂度并缩短渲染过程。

（三）视图控制与渲染设置的协同作用

视图控制与渲染设置在室内设计软件中并不是孤立的，它们之间存在着紧密的协同作用关系。通过合理利用视图控制与渲染设置，设计师可以更高效地进行设计方案的创建、优化和展示。

在进行渲染设置时，设计师可以通过视图控制来查看设计模型的不同部分和细节，从而更准确地配置渲染参数。例如，通过缩放和平移视图，设计师可以检查设计模型的光影效果和环境反射是否准确；通过旋转视图，设计师可以检查设计模型在不同角度下的表现效果。高质量的渲染图像或动画不仅有助于设计师进行方案优化和决策，还有助于客户更好地理解和接受设计方案。

第三章 人工智能与室内设计软件的结合点

第一节 AI 在室内设计中的应用潜力

一、自动化设计流程，减少重复性劳动

随着人工智能（AI）技术的飞速发展，其应用领域不断拓展，室内设计行业也迎来了前所未有的变革。AI 技术不仅为设计师提供了强大的工具，还极大地提高了设计效率，减少了重复性劳动，为室内设计带来了全新的可能性。

（一）AI 技术概述及其在室内设计中的应用背景

AI 技术是一种模拟人类智能的技术，通过机器学习、深度学习等算法，实现对复杂问题的智能分析和处理。在室内设计领域，AI 技术的应用主要体现在以下几个方面：自动化设计流程、个性化设计服务、数据驱动的设计模式和开放式合作模式。

传统室内设计流程中，设计师要投入大量时间进行空间测量、绘图、数据分析等重复性工作。这些工作不仅耗时耗力，还可能因为人为因素而出现误差。AI 技术的引入，为设计师提供了自动化工具，使设计师能够高效、准确地完成这些任务，从而释放设计师的创造力，使其能够更专注于设计本身。

（二）AI 在自动化设计流程中的应用

AI 技术可以通过图像识别、三维建模等手段，自动完成对室内空间的测

量和数据分析。例如，AI 可以识别房间内的家具、门窗、墙体等元素，并生成准确的三维模型。同时，AI 还能分析空间尺寸、光照条件、通风情况等数据，为设计师提供全面的空间信息。基于收集到的空间数据和用户需求，AI 可以自动生成多种设计方案。这些方案不仅考虑了空间利用率、美观性，还融入了用户的个性化需求。设计师可以在这些自动生成的设计方案的基础上进行修改和优化，从而大大提高设计效率。

AI 技术可以通过算法对设计方案进行智能优化。例如，AI 可以根据空间尺寸、家具尺寸等元素，自动生成多种布局方案，并评估每种方案的优劣。同时，AI 还能根据色彩理论、用户偏好等，提供个性化的色彩搭配建议。AI 技术可以自动识别房间结构和家具，并进行智能标注，这使得设计师在设计过程中无须手动标注，大大简化了设计流程。此外，AI 还支持拖拽式操作，设计师可以通过简单的拖拽动作，快速完成家具摆放和装饰选择。

（三）AI 在减少重复性劳动方面的作用

在室内设计过程中，设计师要收集大量的素材，如家具、装饰品、材质等。AI 技术可以自动完成这些素材的筛选和整理工作。例如，AI 可以根据设计师的偏好和需求，从海量素材库中筛选出合适的素材，并生成素材库供设计师使用。

AI 技术可以自动生成高质量的设计渲染图和预览图。设计师无须手动调整灯光、材质等参数，即可获得逼真的设计效果。这不仅节省了设计师的时间，还优化了设计成果的展示效果。AI 技术还可以帮助设计师进行项目管理。例如，AI 可以自动跟踪项目进度、预算和团队合作情况，确保项目能够顺利进行和完成。此外，AI 还具有项目风险评估和预警功能，帮助设计师及时发现问题并采取措施。

（四）AI 技术带来的设计创新与市场机遇

AI 技术可以根据用户的个性化需求，提供定制化的设计服务。例如，AI 可以通过分析用户的历史数据和偏好，生成符合用户口味的设计方案。这不仅提高了用户的满意度和忠诚度，还为设计师提供了更多的商业合作机会。

AI 技术可以分析和处理大量的设计数据，为设计师提供数据驱动的决策支持。例如，AI 可以分析市场趋势、用户需求、设计效果等数据，帮助设计师做出更具前瞻性的设计决策。这有助于提高设计师的市场竞争力和商业价值。AI 技术促进了设计团队之间的协同工作。通过自动化流程和沟通工具，设计师可以更加高效地完成设计任务。同时，AI 还支持开放式合作模式，使得不同领域的设计师能够共同参与到设计项目中来，实现资源共享和优势互补。

二、基于大数据分析，预测设计趋势

随着人工智能（AI）技术的飞速发展，其在室内设计领域的应用潜力日益凸显。尤其是在基于大数据分析预测设计趋势方面，AI 技术为室内设计师提供了前所未有的洞察力和创新工具。

（一）AI 与大数据在室内设计中的结合

AI 技术通过机器学习和深度学习等算法，能够从大量数据中提取有价值的信息和模式。在室内设计领域，AI 技术可以处理和分析各种类型的数据，包括客户行为数据、市场趋势数据、设计案例数据等。这些数据为设计师提供了丰富的素材和信息，有助于他们更准确地把握市场需求和设计趋势。

（二）基于大数据分析预测设计趋势的方法

AI 技术可以收集和分析客户的浏览历史、购买记录、社交媒体行为等数据，以深入了解客户的喜好、风格偏好以及生活习惯。通过对这些数据的分析，AI 可以识别出客户的潜在需求和未来可能流行的设计元素。例如，如果 AI 发现越来越多的客户对环保材料表现出兴趣，那么可以预见环保设计将成为未来的趋势之一。

AI 技术可以监控和分析市场趋势数据，包括销售数据、行业报告、媒体报道等。这些数据反映了市场的最新动态和变化趋势。通过对市场趋势数据的分析，AI 可以预测未来的流行趋势和市场需求。例如，如果 AI 发现近年来北欧风格的设计越来越受欢迎，那么可以预见这种风格将在未来一段时间内继续保持其热度。

AI 技术可以处理和分析大量的设计案例数据，包括历史设计项目、获奖作品、设计师作品集等。这些数据为设计师提供了丰富的设计灵感和参考素材。通过对设计案例数据的分析，AI 可以识别出设计趋势的演变规律和发展方向。例如，如果 AI 发现近年来越来越多的设计融入了智能化元素，那么可以预见智能化设计将成为未来的一个重要趋势。

（三）AI 在室内设计中的应用案例

AI 技术可以基于大数据分析，为客户提供个性化的设计服务。例如，通过分析客户的浏览历史、购买记录等数据，AI 可以识别出客户的喜好和风格偏好，并自动生成符合客户口味的设计方案。

一些室内设计公司已经开始利用 AI 技术开发设计趋势预测工具。这些工具可以基于大数据分析，预测未来的流行趋势和市场需求。这不仅提高了设计项目的市场竞争力，还为设计师带来了更多的创新灵感。AI 技术还可以与智能化设计软件相结合，提高设计效率和准确性。例如，一些智能化设计软件可以基于大数据分析，自动生成符合客户需求的布局方案、色彩搭配方案等。设计师只须输入一些基本需求，软件即可快速生成多种设计方案，这不仅节省了设计师的时间和精力，还提高了设计方案的多样性和创新性。

（四）AI 技术对室内设计行业的影响

AI 技术通过自动化处理和大数据分析，提高了设计效率和准确性。同时，AI 技术还可以自动生成符合客户需求的设计方案，减轻了设计师的工作负担。

AI 技术为室内设计师提供了前所未有的创新工具。通过对大数据的分析和处理，设计师可以发现新的设计灵感和元素，并将其应用到实际的设计项目中。这不仅推动了室内设计行业的创新和发展，还提高了设计项目的市场竞争力。AI 技术可以基于大数据分析，为客户提供个性化的设计服务。随着消费者对个性化设计服务的需求不断增加，AI 技术将在未来发挥更加重要的作用。

三、实现虚拟现实与增强现实的融合

AI 技术的引入，不仅改变了传统的设计流程和方法，还为实现虚拟现实（VR）与增强现实（AR）的融合提供了可能。

（一）VR 与 AR 技术在室内设计中的应用

1. 虚拟现实（VR）技术

虚拟现实技术通过构建真实化的虚拟环境，使用户能够身临其境地体验设计效果。在室内设计中，VR 技术可以模拟出真实的室内空间，让用户在设计方案完成之前就能够预览到最终的装修效果。用户可以自由地探索虚拟空间，查看不同家具和装饰品的摆放效果，甚至调整灯光、材质等参数以观察变化。

2. 增强现实（AR）技术

与 VR 技术不同，增强现实技术是在现实环境中叠加虚拟信息，使用户能够在真实环境中看到计算机生成的图像、视频和其他信息。在室内设计领域，AR 技术可以帮助设计师和客户更好地理解空间布局、色彩搭配和家具选择。

例如，设计师可以应用 AR 技术将虚拟家具和装饰品放置到真实环境中，让客户在实际空间中"试用"这些物品。客户可以通过手机或平板电脑等设备实时查看虚拟物品的摆放效果，并根据自己的喜好进行调整。这种实时反馈机制大大提高了设计效率，减少了不必要的时间和资源浪费。

（二）AI 技术在 VR 与 AR 融合中的应用

AI 技术可以通过大数据分析，了解客户的喜好、风格偏好以及生活习惯等信息。基于这些信息，AI 可以智能推荐符合客户需求的设计方案、家具和装饰品等。在 VR 和 AR 环境中，AI 可以实时分析用户的交互行为，并根据用户的反馈调整推荐内容，从而提供更加个性化的设计方案。

AI 技术可以自动化完成三维模型的构建和优化工作。在 VR 和 AR 环境中，设计师只须输入一些基本的设计参数和要求，AI 即可自动生成符合客户需求的三维模型。同时，AI 还可以对模型进行优化处理，如调整光照、材质等参数，以提高渲染效果的真实感和逼真度。

在 VR 和 AR 环境中，AI 技术可以实现智能交互和反馈功能。例如，当用户通过手势或语音命令与虚拟环境进行交互时，AI 可以实时识别用户的意图并做出相应的响应。这种智能交互方式使得设计过程更加自然流畅，提高了用户的参与度和满意度。

（三）VR 与 AR 的融合对室内设计行业的影响

VR 与 AR 的融合使得设计过程更加直观、高效和有趣。设计师和客户可以通过虚拟环境实时预览设计方案的效果，并根据自己的喜好进行调整。

VR 与 AR 的融合为客户提供了前所未有的沉浸式体验，使得客户能够更加直观地了解设计方案的效果。客户可以在虚拟环境中自由探索、试用和调整设计元素，从而更加深入地参与到设计过程中来。VR 与 AR 融合体验为室内设计行业带来了新的创新和发展机遇。设计师可以利用这种融合体验来探索新的设计理念和方法，如智能化设计、个性化定制等。同时，这种融合体验也为室内设计行业带来了更多的商业机会和更大的市场空间，如在线设计平台、虚拟家居展示等。

四、提升设计精度，降低实际施工误差

在室内设计领域，精度与准确性是项目成功与否的关键。随着人工智能技术的快速发展，其在室内设计中的应用潜力日益显现，特别是在提升设计精度和降低实际施工误差方面。

（一）AI 在室内设计中的应用潜力

AI 技术能够处理和分析大量数据，包括历史项目数据、市场趋势数据、用户行为数据等，为设计师提供精准的设计参考和优化建议。通过分析这些数据，AI 可以识别出成功设计的共同特征，如色彩搭配规律、空间布局原则等，

从而为新项目提供借鉴和指导。此外，AI还可以根据用户的喜好、生活习惯和预算等个性化信息，为用户推荐最合适的室内设计方案和家居产品，提升设计的个性化和定制化水平。

AI技术赋能自动化设计工具，如自动CAD工具、机器学习辅助设计工具等，能够显著提升设计效率和准确性。自动CAD工具能够根据设计师输入的设计参数，自动生成符合设计规范的建筑图纸，减少手动绘图时间。机器学习辅助设计工具则通过分析成功与失败的案例，提供实时的反馈和建议，降低设计错误的发生率。这些自动化设计工具不仅减轻了设计师的工作负担，还提高了设计的精度和可靠性。

AI技术结合虚拟现实和增强现实技术，可以实现室内设计的虚拟仿真和预测。设计师可以在虚拟环境中模拟设计方案的效果，包括光照、材质、色彩等方面的表现，以便客户更直观地了解设计方案的实际效果。同时，AI还可以通过数据分析和深度学习，预测设计方案在实际施工中的表现，提前发现潜在的问题和风险，为设计师提供优化建议和改进方案。这种虚拟仿真与预测的能力，有助于设计师在实际施工之前发现并解决问题，降低实际施工误差。同时，AI还能对施工过程中的问题进行智能识别和预警，从而及时解决问题，降低施工风险。这种智能化的施工管理手段，有助于减少施工过程中的误差和疏漏，提高施工质量和效率。

（二）AI在提升设计精度和减少施工误差方面的具体应用

AI技术能够根据空间数据和用户需求，自动给出合理的布局方案。通过分析空间尺寸、形状、采光等，AI可以计算出最优化的家具摆放位置、通道宽度等参数，确保空间布局既符合美学标准，又满足实用性和功能性需求。这种强大的空间布局规划能力，有助于减少布局不合理导致的施工误差和返工。

色彩搭配对于室内氛围的营造至关重要。AI技术可以依据各种参数给出合适的色彩建议，包括色彩搭配比例、色彩对比度、色彩心理学等方面的考虑。通过分析用户的喜好、生活习惯和预算等个性化信息，AI可以为用户推荐最合适的色彩搭配方案，帮助用户打造风格独特的个性化空间。这种全面的色彩搭配建议能力，有助于减少色彩搭配不当导致的施工误差和返工。

材质的选择与应用对于室内设计的整体效果至关重要。AI 技术可以根据设计需求和预算限制，为用户推荐最合适的材质类型和品牌。同时，AI 还可以通过数据分析和深度学习，预测不同材质在实际施工中的表现，如耐磨、耐污、环保等方面的性能。这种实用的材质选择与应用能力，有助于减少材质选择不当导致的施工误差和返工。

通过分析施工过程中的数据变化，AI 可以及时发现施工进度滞后或材料浪费等问题，并给出相应的解决方案。这种实时监控与调整施工进度的能力，有助于减少施工计划不合理导致的施工误差和返工。

第二节　智能化设计辅助工具介绍

一、智能户型图识别与自动生成工具

随着人工智能（AI）技术的飞速发展，智能户型图识别与自动生成工具正逐渐成为室内设计领域的一股新势力。这些工具不仅极大地提高了设计效率，还通过精准的数据分析和自动化设计，为室内设计带来了前所未有的精确性和个性化。

（一）智能户型图识别与自动生成工具的工作原理

在识别户型图之前，首先要对图像进行预处理，包括去噪、灰度化、二值化等步骤，以提高图像质量和识别准确性。这些预处理步骤有助于减少图像中的干扰信息，突出关键特征，为后续识别工作打下坚实基础。在图像预处理后，智能工具会利用计算机视觉和图像处理技术，对户型图中的关键特征进行提取和识别。这些特征包括墙壁、门窗、房间类型等。通过深度学习

算法，智能工具能够自动学习这些特征的模式和规律，从而实现对户型图的精准识别。

在识别出户型图的关键特征后，智能工具会利用机器学习和大数据分析技术，对这些特征进行进一步的数据分析和处理。通过分析墙壁尺寸、门窗位置、房间类型等数据，智能工具能够自动计算出空间布局、家具摆放等设计参数，为后续的自动生成工作提供数据支持。基于上述数据分析结果，智能工具能够自动生成符合要求的户型图。这些户型图不仅包含精确的尺寸、位置、形状等信息，还能够根据设计师或客户的需求进行个性化定制。

（二）智能户型图识别与自动生成工具的应用优势

传统的手动绘制户型图的方法不仅耗时费力，还容易出错。智能户型图识别允许设计师将更多时间和精力投入创意设计和客户沟通，提升设计质量和客户满意度。

智能户型图识别与自动生成工具能够根据设计师或客户的需求进行个性化定制。这种个性化定制服务有助于提升客户满意度和忠诚度。传统的手动绘制户型图方式需要大量的人力、物力和时间成本。此外，智能工具还能够优化空间布局和家具摆放等设计参数，减少浪费和返工成本，进一步提升经济效益。

二、AI 驱动的室内设计元素推荐系统

AI 驱动的室内设计元素推荐系统，通过深度学习和大数据分析，能够为用户提供个性化、高效且精准的设计建议，使用户获得个性化家居设计体验。

（一）AI 驱动的室内设计元素推荐系统的工作原理

推荐系统首先收集大量关于室内设计元素的数据，包括颜色、材质、风格、价格等。这些数据可以来源于用户上传的图片、设计师的作品库、在线商城的商品信息等。对收集到的数据进行预处理，包括清洗、去重、格式转换等操作，以确保数据质量和可用性。在数据预处理后，推荐系统要提取出有用

的特征，用于后续的分析和推荐。这些特征可以包括颜色特征（如 RGB 值、HSV 值等）、纹理特征（如粗糙度、平滑度等）、形状特征（如线条、轮廓等）等。此外，还可以将设计元素表示为向量形式，以便进行相似度计算和推荐。

为了实现个性化推荐，推荐系统要构建用户画像。用户画像包括用户的喜好、需求、预算等信息，这些信息可以通过分析用户行为数据（如浏览历史、购买记录等）和调查问卷等方式获取。通过构建用户画像，推荐系统可以更准确地理解用户的兴趣和需求，从而提供符合用户口味的推荐结果。基于上述数据和特征，推荐系统可以应用各种推荐算法来生成推荐结果。常见的推荐算法包括基于内容的推荐、协同过滤推荐、深度学习推荐等。这些算法可以根据用户画像和设计元素的特征，计算出用户可能感兴趣的设计元素，并按照一定的排序规则进行推荐。最后，推荐系统需要将推荐结果展示给用户，并提供交互通道，以便用户进行选择和反馈。推荐结果可以以列表、网格、滑动等多种形式展示，同时可以提供筛选、排序、搜索等功能，方便用户快速找到心仪的设计元素。此外，用户还可以对推荐结果进行点赞、评论、分享等操作，以便推荐系统更好地了解用户需求和偏好，优化推荐效果。

（二）AI 驱动的室内设计元素推荐系统的优势

推荐系统能够根据用户的喜好、需求和预算等信息，提供符合用户口味的个性化推荐结果。这不仅可以提高用户的满意度和忠诚度，还可以帮助用户快速找到心仪的设计，节省时间和精力。推荐系统通过深度学习和大数据分析技术，能够快速准确地计算出用户可能感兴趣的设计元素。这不仅可以提高推荐效率，还可以减轻用户的"选择困难"，优化用户的消费体验。

三、智能家居设备集成与控制平台

随着科技的飞速发展，智能家居设备集成与控制平台正逐步改变着我们的生活方式。从智能照明、智能安防到智能家电，各种智能设备通过集成与控制平台实现了互联互通，为用户提供了前所未有的便捷性、舒适性和安全性。

（一）智能家居设备集成与控制平台的概念

智能家居设备集成与控制平台，简而言之，是一个能够将家中各种智能设备进行集中管理和控制的系统。这个平台通过统一的控制界面，让用户能够轻松实现对家中所有智能设备的操作、监控和调整。其核心在于提供一个统一的控制平台，将各种智能设备连接起来，实现数据的共享和交互，从而达到智能化管理的目的。

（二）智能家居设备集成与控制平台的技术架构

作为系统的大脑，中央控制器负责接收用户命令和从各个传感器及设备收集数据，处理这些信息，并发出控制命令到相应的设备。用户界面是用户与系统交互的媒介，可以是智能手机应用、平板电脑、墙面安装的触摸屏或者语音控制设备。通过这些界面，用户可以轻松地进行设定调整，如温度、照明、安全监控等。

后台支持系统负责数据的存储、处理和分析，以及系统的维护和升级。它确保系统的稳定运行，并提供必要的技术支持。智能家居设备集成与控制平台通常基于物联网技术，利用 Wi-Fi、Zigbee、Z-Wave 或 Bluetooth 等无线通信技术将家中的各种智能设备连接起来。这种技术的应用不仅使设备间的连接更为简便，而且支持远程控制，使得用户即便不在家也能通过互联网对家中的设备进行监控和管理。

（三）智能家居设备集成与控制平台的功能特点

系统能够根据用户的生活习惯和偏好，自动调整家居环境。例如，系统可以根据天气预报自动调整室内温度，或者根据房间的使用情况自动开启或关闭照明和娱乐设备。安全监控是智能家居系统的重要组成部分，包括门窗传感器、摄像头监控、烟雾报警器等，可以实时监控家庭安全，及时应对各种紧急情况。

通过集成能源管理系统，智能家居设备集成与控制平台能够精确采集能耗数据，实时监测能源使用情况，并提供节能建议和优化用电方案。用户可以根据自己的需求设置不同的场景模式,如观影模式、阅读模式、睡眠模式等,一键切换即可实现家居环境的自动调整。支持多屏实时互动,用户可以在智能手机、平板电脑、电视等多个屏幕之间自由切换,随时随地掌握家中设备的情况。

(四)智能家居设备集成与控制平台的实际应用

智能家居设备集成与控制平台已经在全球范围内得到广泛应用。用户可以通过一个统一的界面控制家中的照明、暖通空调(HVAC)、安全系统、音响设备以及厨房和卫浴设备等。这种集成化的控制不仅提高了操作的便捷性,还通过精确的设备管理减少了能源消耗,提高了能效。

以智能灯光控制系统为例,通过连接多个灯具和灯光传感器,可以实现智能化的照明管理。当环境光线不足时,灯光传感器会感知到并自动开启灯具,当环境光线充足时则自动关闭。用户也可以通过手机App进行远程控制,实现节能、舒适的照明效果。在智能安防方面,智能家居设备集成与控制平台可以实时监控家庭安全,包括门窗传感器、摄像头监控、烟雾报警器等设备的联动控制。一旦有异常情况发生,如门窗被破坏、烟雾浓度超标等,系统立即触发报警机制,通过手机短信、电子邮件、电话等方式通知用户。

第三节 AI提升设计效率与质量的途径

一、通过机器学习优化设计算法,提高设计速度

在当今快速发展的数字化时代,设计行业正面临着前所未有的挑战与机遇。随着市场竞争的加剧和消费者需求的多样化,设计师们必须更加高效、准确地完成设计工作,以适应市场的快速变化。传统的设计方法虽然在一定程度上能够满足需求,但在面对大规模、复杂的设计任务时,设计师们往往

会力不从心。因此，通过机器学习优化设计算法，提高设计速度，成为设计行业的整体趋势。

（一）机器学习与设计的结合

机器学习，作为人工智能的一个重要分支，能够让计算机从数据中自动学习并改进算法，而不需要明确的编码。这种能力使得机器学习在设计领域具有巨大的应用潜力。通过将机器学习与设计算法相结合，可以实现对设计过程的智能化优化，从而提高设计速度和质量。

（二）机器学习在优化设计中的作用

机器学习能够自动分析和处理大量的设计数据，从而辅助设计师完成烦琐的设计任务。例如，在产品设计初期，机器学习算法可以自动生成多种设计方案，供设计师选择和优化。这种自动化流程不仅减少了设计师的工作量，还加快了设计速度。

传统的优化设计方法往往依赖于设计师的经验和直觉，而机器学习则能够利用历史数据和算法模型，对设计方案进行智能优化。通过不断学习和迭代，机器学习算法能够逐渐找到更优的设计解决方案，提高设计的效率和准确性。机器学习算法还能够根据历史数据和趋势分析，预测未来的设计需求和市场变化。这种预测性设计能力使得设计师能够提前做好准备，调整设计方案，以更好地满足市场需求。

（三）机器学习优化设计算法的具体应用

在参数化设计中，设计师通过设定一系列参数来控制作品的形状、尺寸和材料等。机器学习算法可以自动调整这些参数，以生成满足特定要求的设计方案。通过不断学习和优化，算法能够逐渐找到最佳的参数组合，提高设计的效率和准确性。拓扑优化是一种通过调整结构布局来优化性能的设计方法。在复杂的结构设计任务中，机器学习算法可以自动分析结构的受力情况和材料性能，生成最优的拓扑结构。这种方法不仅减轻了设计师的工作负担，还提高了结构的性能和可靠性。

风格迁移是一种将一种设计风格应用到另一种设计上的技术。机器学习算法可以自动学习和识别不同设计风格的特征，然后将这些特征应用到新的设计上。这种方法使得设计师能够快速地将一种成功的风格应用到其他产品上，提高了设计的效率。

在设计过程中，用户的反馈对于优化设计方案至关重要。机器学习算法可以自动分析用户的反馈数据，提取出用户对设计的喜好和需求。通过这些信息，设计师可以更加准确地了解用户的需求，从而调整设计方案，提高客户的满意度。

二、利用 AI 进行材质与色彩搭配的智能分析

在设计与创意领域，材质与色彩的搭配是塑造产品视觉魅力与情感表达的关键。传统上，这一过程依赖设计师的个人经验、审美直觉以及对市场趋势的洞察。AI 不仅能够辅助设计师进行高效、精准的材质与色彩搭配分析，还能预测出设计的发展趋势，为创新设计提供有力支持。

（一）AI 在材质分析中的应用

AI 通过深度学习技术，能够准确识别并分类各种材质，如金属、木材、织物等。这种能力在设计初期尤为重要，它可以帮助设计师快速筛选和定位所需的材质类型，节省大量时间和精力。例如，在室内设计领域，AI 可以根据用户上传的图片或描述，自动推荐相似的材质样本，使设计过程更加直观和高效。

除了识别材质类型，AI 还能深入分析材质的物理和化学特性，如硬度、耐磨性、导热性等。这些信息对于评估材质的适用性和耐用性至关重要。在产品开发阶段，设计师可以利用 AI 对材质特性进行综合分析，从而选择出既符合美学要求又具备实用性的最佳材质组合。AI 通过大数据分析和机器学习算法，能够挖掘出材质使用的历史数据和当前趋势，进而预测未来的流行材质。这种预测能力对于引导设计创新、把握市场先机具有重要意义。

（二）AI 在色彩搭配中的应用

AI 能够准确识别图像中的色彩，并提取出色彩的具体值（如 RGB，CMYK 等）。这一功能在设计过程中非常实用，它可以帮助设计师快速捕捉和复制现实世界中的色彩，确保设计作品与实物之间的色彩一致性。此外，AI 还能对色彩进行智能分类和整理，形成色彩库，方便设计师随时调用和管理。基于色彩理论和历史数据，AI 可以生成色彩搭配建议，帮助设计师创造出和谐、美观的色彩组合。这些建议可能包括互补色、邻近色、类似色等不同的搭配方案，以及色彩的比例和分布建议。对于缺乏色彩搭配经验的设计师来说，这一功能无疑是一个强大的辅助手段。

色彩不仅具有视觉美感，还承载着丰富的情感寓意。AI 通过情感分析技术，可以解读色彩所传达的情感信息，如温暖、冷静、欢快、悲伤等。这一能力在设计作品的情感表达方面尤为重要。设计师可以利用 AI 的色彩情感分析结果，调整色彩搭配，使设计作品更加贴近目标受众的情感需求。与材质趋势预测类似，AI 也能对色彩趋势进行预测。通过分析时尚、艺术、设计等领域的色彩使用情况，AI 能够捕捉到色彩的流行趋势和变化规律。这些预测结果对于设计师把握时尚脉搏、引领设计潮流具有重要价值。

（三）AI 在材质与色彩搭配综合应用中的优势

AI 的自动化和智能化特性大大提高了设计的效率。在材质和色彩搭配方面，AI 能够迅速提供多种方案供设计师选择，减少了手动尝试和修改的时间成本。同时，AI 还能辅助设计师进行烦琐的数据分析和比较工作，使设计过程更加流畅和高效。AI 不仅能够复制和模仿现有的设计元素，还能通过算法生成全新的、前所未有的材质和色彩组合。这种创新能力为设计师提供了无限的设计灵感和可能性。通过 AI 的辅助，设计师可以突破传统的思维框架，探索出更加独特和新颖的设计方案。

AI 在材质和色彩识别、分析方面的高精度使得设计作品更加精准和可靠。无论是对材质的物理特性还是色彩的情感寓意，AI 都能提供准确的数据和分析结果。这有助于设计师在创作过程中做出更加明智的决策，确保设计作品符合预期。

AI 在材质与色彩搭配方面的智能分析将优化用户体验。通过精准把握用户的审美偏好和情感需求，设计师可以创造出更加贴近用户心理的设计作品。这些作品不仅能够吸引用户的注意力，还能激发用户的情感共鸣，从而提升产品的竞争力和市场占有率。

三、实时检测设计错误，提供修正建议

在设计领域，无论是建筑设计、产品设计，还是用户界面（UI）设计，错误和瑕疵都可能对最终成果产生重大影响。传统上，设计错误的检测依赖人工审查，这既耗时又容易出错。然而，随着人工智能（AI）技术的不断进步，实时检测设计错误并提供修正建议已成为可能。AI 不仅能够快速识别设计中的潜在问题，还能基于大数据和机器学习算法提供智能化的修正方案，从而显著提升设计质量和效率。

（一）实时检测设计错误的原理与技术

AI 通过图像识别技术，能够实时捕捉和分析设计作品中的视觉元素，包括线条、形状、颜色、纹理等。AI 能够迅速识别出不符合标准或可能引发视觉不适的元素。例如，在 UI 设计中，AI 可以检测到按钮尺寸不一致、字体使用不规范、颜色搭配不和谐等问题。对于包含文本内容的设计，如广告海报、宣传册等，AI 可以利用自然语言处理技术（NLP）进行分析。NLP 能够识别文本中的语法错误、拼写错误，以及不符合品牌调性的用词。此外，AI 还能分析文本的情感倾向，确保设计作品中的文字表达与整体设计风格相协调。

基于大量的设计案例和数据，AI 能够学习到成功设计的共同特征和模式。通过将这些规则和模式应用于新的设计作品中，AI 能够实时检测出不符合常规或可能降低设计质量的部分。例如，在建筑设计中，AI 可以识别出结构布局不合理、空间利用不充分等问题。深度学习算法是 AI 实时检测设计错误的

核心。通过训练大量的神经网络模型，AI 能够了解设计的细微差别和复杂关系。这使得 AI 在面对新的设计作品时，能够迅速而准确地识别出潜在的问题，并提供有针对性的修正建议。

（二）提供修正建议的智能机制

对于某些类型的错误，如字体大小不一致、颜色搭配不当等，AI 可以直接进行自动化修正。通过预设的修正规则和算法，AI 能够自动调整设计元素，使其符合设计标准。这种自动化修正不仅提高了设计效率，还减少了人为干预带来的错误风险。

对于需要设计师主观判断的错误，如设计风格的统一性、视觉效果的吸引力等，AI 可以提供智能推荐。基于大数据和机器学习算法，AI 能够分析出设计师可能喜欢的修正方案，并以可视化的方式呈现出来。设计师可以根据这些建议进行调整，或者结合自己的想法进行创作。

AI 还可以提供交互式的反馈，帮助设计师更好地理解和修正设计中的错误。例如，当 AI 检测到某个设计元素可能引发视觉疲劳时，它可以提供多种替代方案，并允许设计师在实时预览中比较不同方案的效果。这种交互式的反馈机制使得设计过程更加直观和高效。

（三）实时检测设计错误的应用场景

在用户界面和用户体验（UI/UX）设计中，AI 可以实时检测界面布局、导航结构、交互逻辑等方面的问题。通过提供修正建议，AI 帮助设计师创造出更加易用、美观和符合用户期望的界面设计。

在平面设计领域，AI 能够识别出设计中的排版错误、色彩搭配不当、图像失真等问题。通过智能推荐和自动化修正，AI 能够助力设计师提升作品的视觉效果和品牌传播力。

在建筑设计中，AI 可以实时检测建筑结构、空间布局、材料选择等方面的错误。通过提供修正建议和可视化模拟，AI 帮助建筑师优化设计方案，确保建筑的安全性、实用性和美观性。

在产品设计中，AI 能够分析产品的功能布局、人机交互、外观造型等方面的问题。通过提供智能化的修正方案，AI 助力设计师创造出更加符合用户需求和市场趋势的设计方案。

第四节　AI 在个性化设计中的应用

一、根据用户偏好，定制个性化设计方案

在数字化时代，个性化已成为消费市场的核心诉求之一。从日常用品到高端定制商品，消费者越来越倾向于选择能够反映个人品位、需求和生活方式的产品。为了满足这一需求，设计领域正经历着深刻的变革，而人工智能（AI）技术正是这场变革的重要驱动力。AI 通过深度学习、大数据分析和用户行为预测，能够精准了解用户偏好，进而定制出独一无二的个性化设计方案。

（一）用户偏好的多维度捕捉

用户偏好通常分为显性偏好和隐性偏好。显性偏好是用户明确表达的需求和喜好，如颜色、风格、材质等；而隐性偏好则是用户未直接表达，但通过行为、习惯、情感等方式表现出来的深层次需求。AI 通过分析用户历史数据、社交媒体互动、在线购物记录等多渠道信息，能够全面了解用户的显性偏好和隐性偏好，为个性化设计提供坚实基础。

AI 利用自然语言处理（NLP）和情感分析技术，能够解读用户文本中的情感倾向，如喜悦、悲伤、愤怒等。结合用户的行为数据，AI 可以构建出用户的心理画像，深入了解用户的情感需求和心理状态。这对于设计具有情感共鸣的产品或服务至关重要。用户偏好并非一成不变，而是随着时间、地点、情境的变化而变化。AI 通过上下文感知技术，能够实时捕捉用户所处的环境、情绪、活动等信息，从而调整设计方案以适应当前的用户状态。例如，在智

能家居设计中，AI可以根据用户的习惯、室内光线、室外天气等因素，自动调整家居布局和色彩搭配。

（二）个性化设计方案的智能生成

AI可以根据用户偏好，从预设的设计模板库中选择最合适的模板作为起点。然后，通过参数化设计技术，AI可以调整模板中的元素（如颜色、形状、布局等），以符合用户的个性化需求。这种基于模板的定制方式既保证了设计效率，又实现了个性化定制。

对于需要高度创新的设计任务，AI可以利用生成式对抗网络（GAN）等深度学习模型，从大量设计数据中学习设计的规律和风格。然后，AI可以根据用户偏好，生成前所未有的设计方案。这种创造性设计生成方式极大地拓展了设计的边界，为设计师提供了无尽的灵感来源。AI还可以与用户进行实时交互，通过用户反馈不断优化设计方案。

（三）个性化设计方案的应用场景

在产品设计与制造领域，AI可以根据用户偏好定制个性化的产品。例如，在汽车行业，AI可以根据用户的驾驶习惯、审美偏好、家庭需求等信息，设计出符合用户个性化需求的汽车。在服装行业，AI可以实现服装的个性化定制，从尺码、款式到面料选择，都能满足用户的独特需求。

在室内设计与装修领域，AI可以根据用户的喜好、生活习惯、预算等信息，生成个性化的室内设计方案。AI可以自动调整家具布局、色彩搭配、灯光设计等元素，以创造出符合用户期望的居住空间。此外，AI还可以与智能家居系统结合，实现室内环境的智能化控制。在用户体验设计领域，AI可以根据用户的行为习惯、偏好和需求，定制个性化的用户界面和交互流程。例如，在移动应用设计中，AI可以根据用户的使用习惯，调整应用的布局、导航和功能，以提供更流畅、更便捷的用户体验。

在艺术与创意产业中，AI可以根据用户的审美偏好和情感需求，生成个性化的艺术作品或创意产品。例如，在音乐创作领域，AI可以根据用户的音乐品位和情绪状态,生成符合用户期望的音乐作品。在视觉艺术领域,AI可以根据用户的喜好和风格偏好,生成个性化的画作或摄影作品。

二、利用 AI 分析用户行为,预测设计需求

在快速变化的数字时代,设计不再仅仅基于设计师的直觉和经验,而是越来越多地依赖于数据和技术的力量。其中,人工智能以其强大的数据处理能力和模式识别能力,成为分析用户行为、预测设计需求的重要工具。通过深度挖掘用户数据,AI 能够揭示隐藏在海量信息中的用户偏好、行为习惯和未来趋势,为设计师提供精准的设计指导,从而使设计师创造出更加符合用户需求的产品和服务。

(一)用户行为分析:AI 的洞察之眼

AI 预测设计需求的第一步是收集用户数据。这些数据来源广泛,包括但不限于用户的在线活动记录、购买历史、社交媒体互动、搜索查询、设备使用日志等。AI 通过数据爬虫、API 接口、第三方数据服务等手段,高效地收集这些数据,并将其整合到一个统一的数据平台中,为后续分析提供坚实的基础。收集到的用户数据往往是杂乱无章的,AI 通过机器学习和深度学习算法,能够从中识别出用户的行为模式。这些模式可能包括用户的购买周期、偏好变化、使用习惯等。例如,AI 可以分析用户在电商网站上的浏览和购买行为,识别出哪些产品类别更受用户欢迎,哪些设计元素更能吸引用户的注意力。

除了行为模式,AI 还能分析用户的情感和意图。通过自然语言处理技术,AI 可以解读用户评论、社交媒体帖子中的情感倾向,了解用户对产品的满意程度、改进建议等。同时,AI 还能根据用户的行为轨迹,预测用户可能的下一步行动或需求,为设计提供前瞻性的指导。

(二)预测设计需求:AI 的智慧之脑

基于用户行为分析的结果,AI 可以构建需求预测模型。这些模型通过算法学习用户的历史行为数据,预测用户未来的需求趋势。例如,在时尚设计

领域，AI可以分析过去的流行趋势、用户偏好变化等数据，预测下一季度的流行色彩、款式等。

AI不仅能够预测整体的设计需求趋势，还能根据每个用户的个性化偏好，定制专属的设计需求预测。通过用户画像技术，AI可以深入了解每个用户的独特需求、偏好和习惯，从而为用户提供更加个性化的设计建议。例如，在智能家居设计领域，AI可以根据用户的日常习惯、家庭成员构成等信息，定制符合用户需求的智能家居设计方案。

（三）AI预测设计需求的应用实践

在产品设计领域，AI预测设计需求的应用已经取得了显著成果。例如，在汽车设计领域，AI可以分析用户的驾驶习惯、偏好以及市场趋势，为汽车制造商提供个性化的汽车设计建议。这些建议可能包括车身颜色、内饰布局、智能驾驶功能等，旨在满足用户的个性化需求并提高市场竞争力。

在用户体验设计领域，AI预测同样发挥着重要作用。通过分析用户在使用产品过程中的行为数据，AI可以识别出用户在使用产品时遇到的困难和痛点，为设计师提供改进建议。同时，AI还能预测用户未来可能的需求变化，帮助设计师提前布局，优化用户体验。除了产品设计和用户体验设计，AI预测需求在服务设计领域也有着广泛应用。例如，在零售行业，AI可以通过分析用户的购物行为、偏好以及市场趋势，为零售商提供个性化的服务设计方案。这些方案可能包括店铺布局、商品陈列、促销活动等，旨在提升用户的购物体验和满意度。

三、实现用户参与设计

在数字化时代，设计已不再是单由设计师主导的过程，而逐渐演变为用户与设计师共同参与的创造性活动。人工智能技术的飞速发展，为这一转变提供了强大的技术支持，使得用户能够以前所未有的方式参与到设计过程中来，与设计师共同塑造满足个性化需求的产品和服务。

（一）AI 技术赋能用户参与设计

AI 技术催生了一系列智能化设计工具，如自动设计生成软件、3D 建模工具、虚拟现实和增强现实应用等。这些工具降低了设计门槛，使用户即使不具备专业设计技能，也能通过简单的操作参与设计过程。例如，用户可以利用 AI 驱动的在线设计平台，自由选择设计元素、调整颜色搭配，甚至预览设计成果在真实环境中的效果，从而实现对设计过程的直接控制。

基于用户历史行为、偏好和反馈的 AI 推荐系统，能够为用户提供个性化的设计建议。这种系统通过分析用户的数据，如购买记录、社交媒体互动、搜索历史等，来预测用户可能喜欢的设计风格、元素或产品。在设计过程中，AI 可以实时向用户推荐符合其喜好的设计选项，帮助用户更快地找到心仪的设计方案。AI 技术还支持交互式原型测试，允许用户在设计初期就参与到产品测试中来。通过模拟真实的使用场景，用户可以即时反馈对设计原型的感受和建议。AI 系统能够收集这些反馈，进行数据分析，并快速迭代设计，确保最终产品更加贴近用户的需求和期望。

（二）用户参与设计过程的互动体验

AI 技术结合 VR 和 AR 技术，为用户提供了沉浸式的设计体验。用户可以在虚拟环境中自由探索设计成果，感受产品的尺寸、材质、颜色等细节，甚至模拟使用产品的过程。这种沉浸式体验不仅提高了用户对设计的理解和参与度，还激发了用户的创造力和想象力。

AI 平台支持用户与设计师之间的实时协作和反馈。用户可以随时在设计平台上提出修改意见或建议，设计师则能即时看到这些反馈并做出调整。这种双向沟通的方式打破了传统设计过程中的信息壁垒，使得设计更加符合用户期望，同时也提高了设计效率。AI 技术使得定制化设计成为可能。通过分析用户的个性化需求和偏好，AI 能够生成独一无二的设计方案，满足用户的特定需求。这种定制化设计不仅提升了用户的满意度和忠诚度，还促进了设计行业的创新和差异化发展。

(三) AI 对用户参与设计的影响

用户参与设计过程能够确保设计成果更加符合用户的期望和需求。凭借 AI 技术的支持，用户能够更直接地表达自己的意愿和偏好，从而获得更加满意的设计结果。这种以用户为中心的设计方法，有助于提升用户的满意度和忠诚度。

用户参与设计过程为设计师提供了丰富的灵感来源。用户的反馈和建议往往能够激发设计师的创造力，推动设计行业的创新和发展。同时，AI 技术还能够分析用户的行为和趋势，为设计师提供前瞻性的设计指导。AI 技术使得设计流程更加高效和灵活。通过自动化和智能化的设计工具，设计师能够更快地生成和修改设计方案，减少重复劳动和错误。同时，用户参与设计过程也促进了设计团队之间的协作和沟通，提高了整体设计效率。

四、提供个性化家居配置与装饰建议

在追求生活品质与个性化的今天，家居配置与装饰已成为体现屋主个性、审美与生活方式的重要载体。AI 以其强大的数据处理、模式识别与学习的能力，为家居配置与装饰提供了满足用户需求的个性化建议，让每一个空间都能精准反映屋主的独特品味。

(一) AI 技术在家居配置与装饰中的应用基础

AI 提供个性化家居配置与装饰建议的第一步是收集并分析用户数据。这些数据包括但不限于用户的居住习惯、偏好、家庭成员构成、生活方式、购物记录、社交媒体活动数据等。通过大数据技术与机器学习算法，AI 能够从这些看似杂乱无章的信息中提炼出有价值的模式与趋势，为后续给出个性化建议提供基础。

深度学习技术使 AI 能够理解和分析图像，包括家居空间的布局、色彩搭配、家具样式等。通过分析大量的家居图片数据，AI 可以学会识别不同风格的家居装饰，如现代简约、田园风、中式古典等，并能够根据用户的喜好推荐类似的装饰方案。自然语言处理技术让 AI 能够理解用户的文字描述，包括用户对家居风格的描述、对特定家具或装饰品的评价等。这使得用户可以通过简单的对话或文本输入，与 AI 进行交互，表达自己的需求与偏好，从而获得更加精准的建议。

（二）AI 提供个性化家居配置与装饰建议的具体应用

AI 可以根据用户的家庭结构、生活习惯和偏好，为用户规划智能家居的布局。例如，对于有小孩的家庭，AI 可能会建议在客厅设置安全围栏，在卧室安装智能夜灯；对于喜欢阅读的用户，AI 可能会推荐在书房配置可调节亮度的阅读灯和舒适的阅读椅。这种智能化的规划不仅提高了家居的实用性，也提升了居住的舒适度。基于用户的审美偏好和家居风格，AI 可以为用户提供个性化的装饰推荐。无论是壁画、挂饰、窗帘还是家具，AI 都能根据用户的喜好和家居的整体风格，推荐最合适的商品。此外，AI 还能根据季节、节日或特殊事件，为用户推荐应景的装饰方案，让家居空间充满温馨的生活气息。

色彩是家居装饰中不可或缺的元素，也是体现个性的重要方面。AI 可以根据用户的色彩偏好、家居风格以及光线条件，为用户提供专业的色彩搭配建议。例如，对于喜欢温馨氛围的用户，AI 可能会推荐暖色调的墙面和家具；对于追求简约风格的用户，AI 可能会建议采用黑、白、灰等中性色彩作为主色调。

在家居购物过程中，AI 也可以发挥重要作用。通过分析用户的购物历史和偏好，AI 可以为用户推荐符合其品味的家居产品，并提供价格比较、用户评价等有用信息。此外，AI 还可以根据用户的预算和家居需求，为用户制定购物清单，帮助用户更加高效地完成家居配置与装饰。

第三章　人工智能与室内设计软件的结合点

第五节　AI助力提升设计的创新性与可持续性

一、AI引入创新设计理念，拓宽设计思路

在21世纪的科技浪潮中，人工智能正以前所未有的速度渗透到各个行业，设计领域也不例外。AI的引入，不仅为设计师提供了强大的工具支持，更在深层次上改变了设计的思维方式，引入了创新的设计理念，极大地拓宽了设计的思路。

（一）AI是设计领域的革新催化剂

AI技术的快速发展，使得设计师能够利用智能算法进行高效的辅助设计。从自动化的图形生成、布局优化，到复杂的3D建模和渲染，AI都能提供精准且高效的支持。这不仅极大地缩短了设计周期，还让设计师能够专注于发挥创意和优化设计，免于在烦琐的技术操作上耗费精力和时间。

AI在数据分析方面的优势，为设计提供了科学的决策依据。通过对市场趋势、用户行为、消费习惯等大数据的深入分析，AI能够预测未来的设计趋势，指导设计师创作出更符合市场需求和用户偏好的作品。这种基于数据的预测性设计，使得设计作品更加精准地对接市场，提高了设计作品的商业价值和用户满意度。AI的引入，打破了传统设计思维的局限。它不仅能够模拟和优化现有的设计方案，还能通过机器学习、深度学习等技术，探索全新的设计空间和可能性。这种创新的思维方式，鼓励设计师跳出常规框架，勇于尝试新颖的设计理念和方法，从而拓宽了设计的领域。

（二）AI如何拓宽设计思路

AI技术促进了不同领域之间的融合，为设计带来了全新的灵感来源。这种跨领域的融合，不仅丰富了设计的语言，还推动了设计向更加多元化、综

合化的方向发展。AI 的个性化推荐能力，使得设计能够更好地满足用户的个性化需求。通过分析用户的偏好、行为模式等数据，AI 能够生成符合用户独特品味的定制设计。这种以用户为中心的设计思路，不仅提升了设计的用户体验，还促进了设计向更加人性化、情感化的方向发展。

面对全球性的环境问题，可持续设计已成为设计领域的重要议题。AI 技术能够评估设计对环境的影响，优化材料选择、能源消耗等关键环节，从而推动设计向更加环保、可持续的方向发展。例如，AI 可以辅助设计师选择可回收或可生物降解的材料，优化产品的生命周期管理，减少对环境的影响。

（三）AI 对设计教育的影响

AI 的引入，也对设计教育产生了深远的影响。传统的设计教育注重手绘技能、设计理论等基础知识，而 AI 则要求设计师具备数据分析、编程等新的能力。因此，设计教育须不断更新课程内容，向学生传授与 AI 相关的知识和技能，培养具有创新精神和实践能力的复合型人才。

同时，AI 还为设计教育提供了更加丰富的教学资源和工具。通过虚拟仿真、在线学习等方式，学生可以更加直观地了解设计的全过程，提高学习的效率，优化学习的效果。此外，AI 还可以辅助教师进行作业批改、学生评估等工作，减轻教师的工作负担，提高教学质量。

二、利用 AI 评估设计方案的环保性能

随着全球环境保护意识的日益增强，评估设计方案的环保性能已成为设计过程中不可或缺的一环。传统的评估方法往往依赖人工经验，不仅耗时费力，而且难以保证评估的准确性和全面性。而人工智能技术的引入，为设计方案的环保性能评估提供了全新的解决方案。

（一）AI 在环保性能评估中的作用

AI 技术以其强大的数据处理和分析能力，在环保性能评估中发挥着重要作用。通过收集和分析大量的环境数据，AI 能够识别出设计方案中的潜在环

境问题，预测其对环境的影响，并提供优化建议。具体来说，AI 在环保性能评估中的作用主要体现在以下几个方面：

AI 技术可以通过传感器、无人机、卫星图像等先进设备，实时收集空气质量、水质、土壤污染等环境数据。通过机器学习算法，AI 能够对这些数据进行智能分析，识别出潜在的环境问题。例如，AI 可以分析特定地区的空气污染水平，预测污染物的扩散趋势，为设计方案的调整提供科学依据。

AI 技术具备强大的预测能力，能够基于历史数据预测环境问题。例如，AI 可以分析气候变化趋势，预测未来极端天气事件的发生概率，从而评估设计方案对气候变化的适应能力。此外，AI 还可以实时监测环境数据，及时发出预警，帮助设计师采取必要措施以减轻环境影响。AI 技术不仅能够评估设计方案的环保性能，还能提供优化建议。通过模拟不同设计方案的环境影响，AI 能够找出最优方案，实现环保性能的最大化。例如，在建筑设计领域，AI 可以分析不同材料的能源消耗和污染物排放情况，推荐最优的材料组合和建筑布局。

（二）AI 在环保性能评估中的应用

在建筑设计领域，AI 技术已被广泛应用于环保性能评估。例如，AI 可以模拟不同建筑材料在不同气候条件下的性能表现，进而推荐最优的建筑材料组合。此外，AI 还可以预测建筑的能耗和排放水平，帮助设计师制定节能减排措施。

在产品设计领域，AI 技术同样发挥着重要作用。例如，AI 可以模拟不同产品在生产、使用、废弃等阶段对环境的影响，推荐最优的设计方案。此外，AI 还可以分析消费者的使用习惯和需求，设计出更加环保、节能的产品。在城市规划领域，AI 技术也被用于环保性能评估。通过收集和分析城市的环境数据，AI 能够评估不同城市规划方案的环境影响，并提供优化建议。例如，AI 可以模拟不同城市规划方案对交通、空气等的影响，推荐最优的城市规划方案。此外，AI 还可以预测城市未来的环境变化趋势，为城市规划者提供科学的规划依据。

(三) AI 在环保性能评估中的挑战与解决方案

环保性能评估需要大量的高质量数据支持，但现实中数据获取难度较大，且数据质量参差不齐。为解决这一问题，可以加强数据共享和合作，建立统一的数据标准和平台，提高数据质量和可用性。此外，还可以利用 AI 技术进行数据清洗和整合，提高数据处理的效率和准确性。

环保性能评估涉及多种环境因素和变量，算法模型的复杂性和准确性成为评估的关键。为解决这一问题，可以加强算法研究和技术创新，提高算法模型的适应性和准确性。此外，还可以利用集成学习等方法，结合多个算法模型的优点，提高评估的准确性和可靠性。环保性能评估涉及多个学科领域的知识和技术，跨学科合作和知识整合成为评估的关键。为解决这一问题，可以加强跨学科合作与交流，建立跨学科的研究团队和平台，促进知识和技术的共享与融合。此外，还可以利用 AI 技术实现知识整合和智能决策，提高评估的效率和科学性。

三、AI 推荐可持续材料与节能技术

在全球环境问题和资源消耗问题日益严峻的背景下，可持续材料与节能技术的研究与发展显得尤为关键。随着人工智能技术的迅猛发展，这一领域迎来了新的机遇。AI 不仅能够提高研发效率，还能促进资源的高效利用，为实现可持续发展目标提供有力支持。

可持续材料是指那些在生产、使用和废弃过程中对环境影响较小，同时能够节约资源的材料。AI 技术在这一领域的应用，主要体现在材料的研发、性能预测与优化以及合成与制备指导上。生物基材料来源于植物，如玉米、大豆和木材，具有良好的生物可降解性。AI 可以通过分析植物的生长周期、资源消耗和环境影响，优化生物基材料的生产流程，提高材料的可持续性。海藻类生物制成的材料对环境友好且资源丰富。AI 可以预测海藻的生长周期和产量，优化采集和加工过程，降低生产成本，同时保护海洋生态环境。

利用蘑菇菌丝体生产的材料具有轻质、可塑性强和可降解的特点；由植物纤维和塑料或金属制成的复合材料，具有高强度和低重量的特点；结合木材和其他可再生资源的复合材料，具有良好的耐用性和美观性。AI可以通过分析这些资源的性能，指导材料的生产和应用，推动绿色建筑材料产业的发展。

可生物降解的塑料，由植物或微生物发酵制成，对环境无害。AI可以预测生物塑料的降解周期和性能，指导材料的生产和应用，减少塑料污染。

节能技术是指采取先进的技术手段来节约能源的技术。AI在节能技术中的应用，主要体现在能源管理、设备优化、工艺改造等方面。AI算法可以预测能源需求，优化电力分配，提高可再生能源的利用率。通过实时调节供需关系，智能电网可以显著减少能源浪费。AI驱动的建筑管理系统可以根据天气条件等自动调节暖通空调（HVAC）系统，大幅降低能耗。

在制造业中，AI可以分析生产流程，识别能耗高峰，优化生产计划，降低整体能耗。例如，AI可以预测设备故障，提醒相关工作人员提前进行预防性维护，减少出现故障后的停机时间和能源浪费。

第四章　人工智能辅助空间设计

第一节　空间布局智能优化算法

一、基于空间约束条件的布局优化模型

在现代工程设计和城市规划中，布局优化模型扮演着至关重要的角色。这些模型旨在通过合理的空间配置，满足特定的功能需求，提高资源利用效率，并优化整体性能。空间约束条件作为布局优化模型的核心要素，对设计结果的可行性和有效性起着决定性作用。

（一）布局优化模型的基本原理

布局优化模型处在数学和计算机科学的交叉领域，旨在通过算法寻找最优或次优的空间布局方案。这些模型通常包括以下几个关键组成部分：

1. 目标函数

定义了要优化的目标，如空间利用率、运输成本、生产效率等。

2. 设计变量

代表布局中可调整的参数，如物体的位置、尺寸、方向等。

3. 约束条件

限制设计变量的取值范围，确保布局方案在实际应用中的可行性。其中，空间约束条件尤为重要，它们定义了物体在空间中的相对位置和相互关系，如避免重叠、保持最小间距等。

4. 优化算法

用于求得目标函数在约束条件下的最优解，算法包括遗传算法、模拟退火算法、粒子群优化算法等。

（二）空间约束条件在布局优化中的作用

空间约束条件是布局优化模型中的核心约束，它直接影响了布局方案的可行性和有效性。

1. 确保布局方案的可行性

通过限制物体在空间中的位置和相互关系，避免重叠、碰撞等不合理情况，确保布局方案在实际应用中的可行性。

2. 提高资源利用效率

通过合理的空间配置，最大化空间利用率，减少资源浪费，提高资源利用效率。

3. 优化整体性能

在满足空间约束条件的前提下，通过调整设计变量，优化目标函数，提高整体性能，如提高生产效率、降低运输成本等。

（三）基于空间约束条件的布局优化模型的应用领域

基于空间约束条件的布局优化模型在多个领域内被广泛应用，包括建筑设计、城市规划、物流仓储、制造业等。

在建筑设计中，布局优化模型可被用于优化室内空间布局，如家具摆放、房间分隔等。通过考虑空间约束条件，如墙体位置、门窗尺寸等，确保布局方案既满足功能需求，又符合建筑规范。在城市规划中，通过考虑空间约束条件，如地形地貌、交通流量等，确保城市布局既合理又高效。在物流仓储中，通过考虑空间约束条件，如货架尺寸、货物尺寸等，确保仓库布局既节省空间又便于管理。在制造业中，布局优化模型可以用于优化生产线布局，确保生产线布局既高效又安全。

二、利用遗传算法进行空间布局优化

空间布局优化是众多领域中的关键问题，如建筑设计、城市规划、物流仓储、电子电路设计等。其目标是在给定的空间内，合理安排各元素的位置和相互关系，以满足特定的性能要求或优化某个目标函数。由于空间布局优化问题通常具有高度的复杂性和非线性，传统方法往往难以找到全局最优解。因此，遗传算法（Genetic Algorithm，GA）作为一种启发式优化方法，凭借其强大的搜索能力和鲁棒性，在空间布局优化领域得到了广泛应用。

（一）遗传算法的基本原理

遗传算法是模拟生物进化过程的一种优化算法，它通过模拟自然选择和遗传机制来搜索问题的最优解。遗传算法的基本流程包括编码、初始群体生成、适应度评估、选择、交叉、变异和终止条件判断等步骤。

1. 编码

将问题的解映射到遗传算法的搜索空间，通常使用二进制编码、实数编码或符号编码等方式。

2. 初始群体生成

随机生成一定数量的个体作为初始群体，每个个体代表问题的一个可能解。

3. 适应度评估

根据问题的目标函数，计算每个个体的适应度值，用于评估个体的优劣。

4. 选择

根据适应度值，选择优秀的个体作为父代，用于生成下一代。常用的选择方法有锦标赛选择等。

5. 交叉

通过交换父代个体的部分基因，生成新的子代个体。交叉操作是遗传算法中搜索新解的主要方式。

6. 变异

以一定的概率对个体的基因进行随机改变，以增加群体的多样性，避免将局部最优解当作全局最优解。

7. 终止条件判断

当达到预设的迭代次数、适应度值满足要求或群体不再进化时，终止算法，并输出最优解。

（二）空间布局优化的遗传算法设计

将遗传算法应用于解决空间布局优化问题，要针对具体问题的特点，设计合适的编码方式、适应度函数、遗传操作等。

1. 编码方式

空间布局优化问题的解通常可以表示为一系列物体的位置坐标或布局方案。因此，可以采用实数编码或符号编码来表示个体的基因。实数编码适用于解决连续空间布局问题，而符号编码则适用于解决离散空间布局问题。

2. 适应度函数

适应度函数是评估个体优劣的关键。在空间布局优化中，可以根据问题的具体目标来定义适应度函数，如最大化空间利用率、最小化运输成本、优化生产流程等。通过计算每个个体的适应度值，可以比较不同布局方案的优劣。

3. 遗传操作

（1）选择操作

根据适应度值，选择优秀的个体作为父代。为了保持群体的多样性，可以采用多种选择方法相结合的策略。

（2）交叉操作

通过交换父代个体的部分基因，生成新的子代个体。在空间布局优化中，可以采用单点交叉、双点交叉或均匀交叉等方式。

（3）变异操作：对个体的基因进行随机改变，以增加群体的多样性。变异操作可以是对位置坐标的微小调整，或是对布局方案的局部修改。

（4）约束处理：空间布局优化问题通常包含一系列约束条件，如物体之间的最小间距、避免重叠等。在遗传算法中，可以通过罚函数法、修复法或约束满足法等方式处理这些约束条件。

（5）算法参数设置：遗传算法的性能受到多种参数的影响，如群体大小、迭代次数、交叉概率、变异概率等。要根据具体问题的特点对这些参数进行调试和优化，以获得最佳的搜索效果。

三、评估布局方案的舒适度与便捷性

在各类设计领域，无论是室内空间规划、城市区域布局，还是用户界面设计，布局方案的舒适度与便捷性都是至关重要的评估指标。这两个维度不仅关乎用户的直接感受，还深刻影响着空间或产品的使用效率、用户满意度以及长期可持续性。

（一）舒适度与便捷性的定义与重要性

舒适度指的是用户在使用空间或产品时感受到的愉悦、放松和满足的程度。它涉及物理环境（如光线、温度、噪声水平）的适宜性、空间布局（如家具摆放、通道宽度）的人性化，以及心理感受（如隐私保护、视觉美感）的积极性。便捷性则强调用户在使用过程中的方便程度，包括操作的简便性、信息获取的快捷性，以及任务完成的效率。它关乎布局的逻辑性、导航的清晰度，以及服务或功能的易达性。

舒适度与便捷性相辅相成，共同构成了用户体验的核心。一个既舒适又便捷的布局方案能够提升用户满意度，促进空间或产品的有效利用，甚至影响用户的健康和行为习惯。

（二）评估框架与方法

评估布局方案的舒适度与便捷性需要一套系统而全面的框架，结合定量与定性分析，确保评估结果的客观性和准确性。

1. 用户调研

通过问卷调查、访谈、观察等方法收集目标用户群体的需求和偏好，了解他们对舒适度与便捷性的具体期望。

2. 专家评估

邀请领域专家依据专业标准和经验，对布局方案进行专业评审，识别潜在的问题和改进点。

3. 模拟测试

利用虚拟现实、增强现实或物理模型等技术，让用户在实际或模拟环境中体验布局，收集反馈数据。

4. 数据分析

对收集到的数据进行统计分析，识别舒适度与便捷性的关键影响因素，量化评估结果。

5. 迭代优化

基于评估结果，对布局方案进行迭代设计，不断优化直至达到最佳状态。

（三）关键要素分析

在评估布局方案的舒适度与便捷性时，应重点关注以下几个关键要素：

1. 空间配置

合理进行空间划分和布局，确保各功能区域既相互独立又便于联系，避免拥挤和相互干扰。

2. 动线设计

设计流畅的动线，减少人在空间中不必要的移动和等待，提高空间使用的效率和便捷性。

3. 人体工程学

考虑人的生理特点和行为习惯，如视线高度、操作范围、坐姿舒适度等，确保布局符合人体工程学原理。

4. 环境品质

包括光线、色彩、温度、湿度、噪声等环境因素，它们直接影响用户的舒适感受。

5. 信息可读性

在需要信息传递的布局中（如标识系统、用户界面），信息的清晰度和易读性是便捷性的关键影响因素。

6. 灵活性与适应性

布局应具有一定的灵活性和可扩展性，以适应不同用户、不同场景的需求变化。

四、布局方案的三维可视化展示

在当今的设计、规划和展示领域，三维可视化技术已成为不可或缺的工具。它不仅能够直观地呈现布局方案的细节，还能帮助设计师、决策者以及利益相关者更好地理解、评估和优化设计方案。

（一）三维可视化技术概述

三维可视化技术是指利用计算机图形学原理，将二维数据或概念转化为三维图像或动画的过程。在布局方案的可视化展示中，三维可视化技术能够将平面图、剖面图、立面图等二维设计资料整合为三维模型，提供沉浸式的视觉体验。这一技术不仅支持静态展示，还具备动态模拟、交互操作等多种功能，极大地丰富了布局方案的展示方式。

（二）实现三维可视化展示的技术手段

1. 三维建模软件

AutoCAD、SketchUp、Revit、3ds Max、Rhino 等，这些软件内置了强大的建模工具，能够创建高精度的三维模型，是布局方案可视化的基础。

2. 渲染引擎

V-Ray、Lumion、Corona 等，它们能够模拟真实的光照、材质和阴影效果，使三维模型更加逼真，增强视觉冲击力。

3. 虚拟现实与增强现实技术

通过头戴式设备（如 VR 眼镜）或移动设备（如 AR 应用），用户可以身临其境地体验布局方案，进行虚拟漫游和交互操作。

4. 三维动画与仿真软件

Blender、Maya、Cinema 4D 等，用于动态展示和仿真模拟，如人流模拟、日照分析等，帮助用户评估布局方案的动态性能。

5. 云技术与在线平台

Autodesk BIM 360、Sketchfab、Google Poly 等，支持三维模型的云端存储、共享和协作，便于远程查看和讨论。

（三）三维可视化展示的流程

1. 需求分析

明确可视化展示的目的、受众、内容要求和技术限制，编制详细的项目计划。

2. 数据收集与整理

收集所有相关的二维设计图纸、规范文件、材质库等，确保数据的完整性和准确性。

3. 三维建模

根据设计图纸，利用三维建模软件创建布局方案的三维模型，包括建筑、家具、设备、景观等元素。

4. 材质与光照设置

为模型添加合适的材质和纹理，设置光照条件，使模型看起来更加真实。

5. 渲染与输出

使用渲染引擎对模型进行渲染，生成高质量的图像或动画，根据需要将结果输出为不同的格式（如图片、视频、VR/AR 体验）。

6. 交互设计（如适用）

为 VR/AR 应用设计交互界面和逻辑，使用户能够自由地探索、选择和修改布局方案。

7. 测试与优化

对渲染结果和交互功能进行测试，根据反馈进行调整和优化，确保展示效果达到预期。

8. 发布与分享

将三维可视化模型发布到适当的平台，如公司内部网络、云存储、社交媒体等，与利益相关者分享。

（四）关键要素分析

1. 精度与细节

三维模型的精度和细节程度直接影响展示的真实感和说服力。在建模过程中，设计师应平衡精度与效率，确保关键元素的准确呈现。

2. 光照与材质

合理的光照设置和材质选择能够增强模型的立体感和质感，使模型更加生动。

3. 交互性

对于需要用户参与的展示过程，如 VR/AR 体验，交互设计的友好性和直观性至关重要，应确保用户能够轻松上手并理解如何使用。

4. 性能优化

对于大型或复杂的布局方案，优化模型结构、减少渲染负担、提高加载速度是必要的，以确保流畅的展示体验。

5. 兼容性

确保三维可视化展示程序能够在不同的设备和平台上顺利运行，避免技术障碍影响展示效果。

（五）应用实践

1. 建筑设计

三维可视化技术能够全方位展示建筑外观、内部结构、装修效果等，帮助设计师和业主更好地理解设计方案，进行决策。

2. 城市规划

通过三维城市模型，可以直观地展示城市布局、交通网络、公共设施等，辅助城市规划师进行空间分析和规划决策。

3. 室内设计

三维可视化技术让设计师能够提前预览家具摆放、色彩搭配、灯光效果等，与客户进行有效沟通，提高客户的满意度。

4. 产品展示

在产品设计和营销中，设计师可使用三维可视化技术创建产品的虚拟原型，用以进行功能演示和外观展示，吸引潜在客户。

5. 教育培训

在教育领域，三维可视化技术可被用于创建虚拟实验室、历史场景重现等，提供沉浸式的学习体验。

第二节　AI 在色彩搭配与材质选择中的应用

一、分析色彩心理学，提供色彩搭配建议

在视觉艺术、产品设计、品牌传播等多个领域中，色彩不仅是视觉体验的重要组成部分，还是影响人群情感和心理的重要媒介。色彩心理学研究不同色彩对人类情绪、行为及认知的影响，为设计师和营销专家提供了宝贵的指导。随着人工智能技术的发展，色彩搭配不再仅仅依赖设计师的经验和直觉，设计师还可以借助 AI 的分析和计算能力，实现更加精准和个性化的色彩搭配。

（一）色彩心理学的基本原理

色彩心理学研究不同色彩对人类情绪和心理状态的影响。虽然每个人对色彩的感受可能有所不同，但某些色彩对于人们来说有着特定的意义，使得这些色彩在设计中具有特定的情感表达作用。

红色：通常与激情、活力、爱情、健康、危险等概念相关联。在设计中使用红色可以吸引注意力，激发消费者的兴趣和冲动。

橙色：被视为一种温暖、乐观和充满创造力的颜色。它能够激发创造力和社交互动，适合用于传达活力和乐观情绪。

黄色：代表积极、快乐和阳光。在设计中使用黄色可以提升情绪和积极性，营造愉悦和友好的氛围。

绿色：与平和、舒缓、自然、健康、理智、幼稚等概念相关联。在设计中使用绿色可以给人平和、安宁和自然的感觉，适合用于环保、健康和与大自然相关的品牌或产品。

蓝色：与信任和稳定感有关。在设计中使用蓝色可以营造专业、可靠和冷静的形象，适合用于金融、科技或与安全感相关的领域。

紫色：使人联想到创造力、奢华和神秘感。在设计中使用紫色可以帮助传达出创意、想象力和独特性，适合用于艺术、时尚和高端品牌。

粉红色：表示柔和、温馨和浪漫的颜色，常与女性相关联。在设计中使用粉红色可以营造浪漫、温柔和女性化的形象，适合用于时尚、化妆品或与女性相关的品牌。

（二）AI 在色彩分析中的应用

AI 技术，尤其是机器学习和深度学习，能够分析大量的色彩数据和人类情感反应，从而理解色彩与心理之间的复杂关系。

1.情感识别与分类

AI 可以通过分析大量图像和对应的情感标签，学习不同色彩组合与人类情感之间的关联。例如，AI 可以识别出蓝色和绿色组合通常传达出平和和放松的感觉，而红色和橙色组合则能够使人兴奋。

2.色彩搭配建议

基于情感识别与分类的能力，AI可以根据设计目的和目标受众的情感需求，提供色彩搭配建议。例如，如果设计目标是创造一个放松的环境，AI可能会建议使用蓝色和绿色的搭配；如果目标是激发购买欲望，AI可能会推荐使用红色和橙色的搭配。

3.个性化色彩推荐

AI还可以根据用户的个人偏好和历史行为数据，提供个性化的色彩搭配建议。例如，通过分析用户的社交媒体活动、购物历史和浏览行为，AI可以了解用户对色彩的偏好，并在设计建议中考虑这些因素。

4.色彩趋势预测

通过分析时尚、艺术和设计领域的色彩趋势数据，AI可以预测未来可能流行的色彩组合。这有助于设计师和品牌保持与潮流同步，创造具有前瞻性的设计作品。

（三）AI提供色彩搭配建议的方法

AI可以将设计目的和目标受众的情感需求转化为具体的情感标签（如放松、兴奋等），然后在色彩数据库中查找与之匹配的色彩组合。这种方法可以快速生成符合设计目标的色彩搭配建议。AI可以通过分析大量成功的色彩搭配案例，学习不同色彩之间的搭配规律和美学原则。然后，AI可以基于这些规律和原则，对给定的色彩组合进行优化，提高其吸引力和表现力。

AI可以通过用户反馈来不断改进色彩搭配建议。设计师或用户可以对AI生成的色彩搭配建议进行评价和反馈，AI则根据这些反馈调整其算法和模型，以提高建议的准确性和实用性。除了色彩本身，AI还可以结合其他视觉元素(如形状、纹理、图案等）以及非视觉元素（如声音、气味等）进行多模态分析，提供更全面的设计建议。这种多模态分析有助于创造更加丰富和立体的设计体验。

二、基于材质库，智能推荐合适的材质组合

在当今的设计、制造和建筑行业中，选择合适的材质组合是决定产品性能、美观度及成本效益的关键之一。随着科技的进步，特别是人工智能和大数据技术的飞速发展，基于材质库的智能推荐系统应运而生，为设计师、工程师和采购人员提供了前所未有的帮助。

（一）智能推荐系统的基础架构

基于材质库的智能推荐系统，其核心在于利用先进的算法分析大量材质数据，根据用户需求、项目条件及约束，自动筛选出最优或近似最优的材质组合方案。该系统通常包含以下几个关键组成部分：

1. 材质数据库

这是系统的基石，包含各类材质的详细信息，如物理性质（强度、硬度、导热系数等）、化学性质（耐腐蚀性、反应活性等）、成本、环保属性、供应商信息等。相关人员须定期更新数据库，确保信息的准确性和时效性。

2. 特征提取与预处理

对材质数据进行清洗、标准化处理，并提取关键特征。这一过程可能涉及数据降维、缺失值处理、异常值检测等技术。

3. 推荐算法

这是系统的核心，包括但不限于基于内容的推荐、协同过滤、深度学习模型（如神经网络、卷积神经网络、循环神经网络等）以及混合推荐系统。算法的选择与优化须根据具体应用场景和数据特点决定。

4. 用户交互界面

提供直观易用的界面，让用户能够输入需求（如设计参数、成本预算、环保要求等），并接收系统推荐的材质组合方案。界面应具备自定义筛选条件、比较不同方案、查看详细材质信息等功能。

5. 反馈与优化机制

收集用户对推荐结果的反馈，用于算法的持续学习与优化，形成闭环迭代，不断提升推荐精度和用户体验。

（二）构建智能推荐系统的关键步骤

1. 数据收集与整合

从多渠道收集材质数据，包括但不限于专业数据库、供应商目录、科研文献等，确保数据的全面性和多样性。

2. 数据清洗与标准化

去除重复、错误数据，统一数据格式和单位，为后续分析打下坚实基础。

3. 特征工程

根据领域知识选择或构造对推荐结果有重要影响的特征，如材质的耐用性、成本效益比、环境影响等。

4. 模型选择与训练

根据数据特性和业务需求选择合适的推荐算法，利用历史数据进行模型训练，调整参数以达到最佳性能。

5. 系统评估与测试

利用 A/B 测试、准确率、召回率等指标评估系统性能，确保推荐结果的准确性和实用性。

6. 部署与迭代

将系统部署到实际应用环境中，持续监控运行状态，根据用户反馈和数据分析结果进行迭代优化。

三、模拟不同光照条件下的色彩效果

在视觉艺术、产品设计、室内装饰以及影视制作等多个领域中，色彩效果的准确模拟与预测对于提升作品质量、满足用户需求至关重要。特别是在不同光照条件下，色彩的表现会发生显著变化，因此，对于设计软件来说，模拟这些变化是一项关键功能。

（一）色彩科学基础与光照原理

色彩是光与物质相互作用的结果。在可见光谱中，从红到紫的可见光波长范围约为 400 纳米至 760 纳米，不同波长的光对应着不同的颜色感知。而光照条件，包括光源类型（如自然光、白炽灯、LED 等）、光照强度、色温以及光照方向等，会深刻影响我们对色彩的感知。

自然光（日光）因其包含几乎整个可见光谱，被认为是最理想的光照条件。相比之下，人工光源如白炽灯偏暖色调，荧光灯则可能带有蓝绿色调，LED灯的色温可调，但也可能因品牌、型号差异而产生不同的色彩偏向。光照越强，物体表面反射的光就越多，色彩看起来就越鲜艳饱和。相反，低光照环境下，色彩可能显得暗淡无光。

色温以开尔文（K）为单位，描述了光源的颜色特性。低色温（如 2700K）呈现暖黄色调，适合营造温馨氛围；高色温（如 6500K）则偏向冷白色，适用于需要清晰视觉的环境。

光源的位置和角度会影响物体表面的阴影分布，进而影响色彩的明暗对比和立体感。

（二）光照对色彩的影响机制

不同光源因其光谱分布不同，照射在同一物体上会产生不同的色彩倾向，即色偏。例如，日光下看起来纯白的物体，在暖色调光源下可能显得偏黄。

光照强度的增加通常会使色彩饱和度提高，因为更多的光线被反射，色彩看起来更加鲜明。反之，弱的光照会导致色彩饱和度降低。

光照方向的变化会改变物体表面的阴影分布，影响色彩的明暗对比，进而影响整体的视觉感受。

（三）模拟不同光照条件下色彩效果的方法

色彩管理系统（CMS）是基于 ICC（国际色彩联盟）标准的色彩管理系统，通过色彩空间转换和校准，确保不同设备间（如显示器、打印机、相机）色彩的一致性。虽然主要被应用于数字图像处理和打印领域，但其色彩转换和校准原理对于模拟不同光照条件下的色彩效果同样具有指导意义。利用计算机图形学和光学模拟技术，如光线追踪、全局光照等，可以高度真实地模拟不同光照条件下的色彩效果。这类软件（如 3ds Max、Maya、Blender 等）允许用户自定义光源类型、强度、色温等参数，观察物体在这些条件下的色彩变化。

基于机器学习或深度学习技术，色彩预测模型得以构建。通过训练大量不同光照条件下的色彩数据，模型能够预测新光照条件下物体的色彩表现。这种方法在产品设计、室内装饰等领域得到广泛应用，能够快速评估色彩方案在不同光照环境下的效果。VR 和 AR 技术能够创建沉浸式的环境，模拟不同光照条件下的色彩效果。用户可以在虚拟环境中自由移动，观察色彩随光照变化而变化的实时效果。

四、色彩与材质的实时替换与调整

在数字化设计、虚拟现实、增强现实以及游戏开发等领域，色彩与材质的实时替换与调整是一项关键功能，这不仅能够提升设计的灵活性和效率，还能为用户提供更加丰富、动态的视觉体验。

（一）技术框架概述

实现色彩与材质的实时替换与调整，需要一个高效、灵活且可扩展的技术框架。这个框架通常包括以下几个核心组件：

1. 资源管理模块

负责加载、存储和管理所有色彩方案、材质纹理以及相关的元数据。该模块应支持动态加载，以便在运行时能够即时引入新的资源。

2. 渲染引擎

渲染引擎是实时替换与调整的核心，负责根据当前的色彩和材质设置，实时渲染场景或对象。现代渲染引擎如 Unity、Unreal Engine 等，提供了强大的材质和色彩管理功能，支持复杂的着色模型和光影效果。

3. 用户界面（UI）与交互模块

为用户提供直观易用的界面，允许他们实时选择和调整色彩、材质参数。这个模块应支持拖拽式操作、滑块调整、颜色选择器等多种交互方式，以提高工作效率。

4. 数据处理与转换模块

负责将用户输入的色彩和材质参数转换为渲染引擎能够理解的格式，并确保这些参数在实时渲染过程中得到正确应用。这包括色彩空间的转换、材质属性的计算等。

5. 反馈与预览模块

实时展示色彩和材质调整的效果，为用户提供即时反馈。这个模块应支持多种视图模式，如线框图、着色图、光影预览等，以便用户从不同角度评估调整效果。

（二）关键技术解析

1. 动态材质加载与替换

（1）技术原理

通过资源管理系统，动态加载和卸载材质资源。使用标识符（如 UUID）来给予每个材质唯一标识，便于在运行时进行快速替换。

（2）实现方法

利用渲染引擎提供的 API，如 Unity 的 Material 类，可以动态更改对象的材质。通过监听用户输入或事件触发，实现材质的实时替换。

2. 实时色彩调整

（1）技术原理

基于着色器技术，通过调整着色器中的颜色参数，实现色彩的实时变化。着色器是运行在 GPU 上的小程序，能够高效处理色彩和光影计算。

（2）实现方法

编写自定义着色器，暴露色彩参数（如 RGB 值、色调、饱和度、亮度等）

给 UI 模块。当用户调整这些参数时，软件通过渲染引擎的 API 更新着色器中的对应值，实现色彩的实时调整。

3.高效的 UI 与交互设计

（1）技术原理

采用事件驱动的设计模式，将用户操作（如点击、拖拽、输入等）转化为事件，通过事件监听器触发相应的色彩或材质调整程序。

（2）实现方法

使用 UI 框架（如 Qt、ImGui 等）构建交互界面，设计直观易用的控件（如颜色选择器、滑块、下拉菜单等）。通过绑定事件处理函数，实现对用户调整色彩、材质的即时响应。

4.性能优化

（1）技术原理

实时渲染对计算机性能要求较高，特别是在复杂场景和高质量材质的情况下。可通过优化渲染管线、减少不必要的渲染操作、使用 LOD（Level of Detail）技术等方法，提高渲染效率。

（2）实现方法

利用渲染引擎的性能分析工具，识别性能瓶颈。通过优化着色器代码、减少纹理贴图的占用空间和数量、使用批处理渲染等技术，提升渲染性能。

5.数据同步与一致性

（1）技术原理

在多用户协作或分布式系统中，确保色彩和材质数据的一致性是一个难点。通过数据同步机制，如版本控制、实时通信协议等，保持数据的最新状态。

（2）实现方法

采用版本控制系统（如 Git）管理色彩和材质资源，确保团队成员之间的数据同步。对于实时协作场景，可以使用 WebSocket 等实时通信技术，实现数据的即时更新和同步。

（三）实践路径与策略

明确项目需求，确定需要的色彩和材质调整功能。编制详细的技术方案，包括技术选型、资源规划、时间节点等。基于选定的技术框架和关键技术，开发技术原型。通过原型验证技术方案的可行性和有效性，及时调整和优化。按照技术框架的划分，分模块进行开发。每个模块应接受独立测试，确保功能符合需求且性能达标。

将各个模块集成到一起，进行全面的系统测试。重点测试色彩和材质替换与调整的实时性、准确性、稳定性以及性能表现。邀请目标用户或客户进行测试，收集反馈意见。根据反馈进行迭代优化，提升用户体验和产品质量。编写详细的用户手册和开发文档，为用户和开发者提供指导。组织培训活动，增强团队对色彩和材质调整功能的理解和使用能力。随着技术的发展和用户需求的变化，持续对系统进行维护和更新。引入新技术和新功能，保持系统的市场竞争力和生命力。

第三节 光照模拟与智能调整技术

一、建立光照模型，模拟自然光与人工光源

在图形学、虚拟现实、影视制作等领域，光照模型的建立是模拟现实世界光照效果的关键。通过精确的光照模型，我们可以模拟自然光（如日光）以及各种人工光源（如白炽灯、荧光灯、LED 灯）的光照特性，从而在数字世界中创造出逼真、生动的光影效果。

（一）光照模型基础理论

光照模型是描述光线与物体表面相互作用方式的数学模型。它通常包括光源模型、表面反射模型以及光线传播模型三个部分。

1. 光源模型

定义光源的位置、强度、颜色和方向等属性。对于自然光,这些属性会随时间的变化而变化;对于人工光源,则可能由用户设定。

2. 表面反射模型

描述光线在物体表面的反射行为,包括镜面反射、漫反射和次表面散射等。不同材质的光线反射特性各不相同,如金属表面会产生强烈的镜面反射,而粗糙表面则更多表现为漫反射。

3. 光线传播模型

考虑光线在空间中传播时的衰减、散射和遮挡等现象。特别是在复杂场景中,光线的传播路径可能受到多种物体的阻挡和干扰。

(二)自然光模拟

自然光主要指的是日光,其特点包括光谱连续、强度随时间变化(如日出和日落时的柔和光线与正午时的强烈阳光),以及受大气影响等。

1. 太阳位置模型

根据地球自转和公转的数据,计算太阳在天空中的位置。这可以通过天文算法实现,如使用太阳位置天文公式(SPA)来计算太阳的赤纬角和时角,进而确定太阳的高度角和方位角。

2. 日光强度模型

考虑太阳直射光与散射光的强度分布。直射光强度随太阳高度角变化,而散射光则受天气条件(晴朗、多云、雾霾等)影响。可以使用辐射度模型或经验公式来模拟这些变化。

3. 大气散射模型

模拟太阳光在大气中散射产生的天光效果。这通常涉及复杂的物理计算,如瑞利散射和米氏散射的模拟。在实际应用中,可能采用预计算或简化模型来模拟这些效果。

（三）人工光源模拟

人工光源种类繁多，光照特性各异。建立人工光源模型时，要考虑光源的类型、功率、色温、光束角以及衰减特性等。

根据光源类型（如白炽灯、荧光灯、LED 灯等），定义其光谱分布和色温特性。这些特性可以通过实验测量或通过参考制造商提供的数据来获得。模拟光源强度随距离的增加而衰减的现象。这通常使用逆平方定律来描述，即光源强度与距离的平方成反比。对于具有方向性的光源（如聚光灯），还要考虑光束角对强度分布的影响。

不同的人工光源具有不同的颜色倾向和色温。这可以通过调整光源的光谱分布或 RGB 颜色值来模拟。在实际应用中，可能要根据场景需求对光源颜色进行微调。对于某些动态变化的光源（如闪烁的灯光等），要建立相应的动态效果模型，可以通过编程模拟光源属性的实时变化。

（四）光照模型集成与渲染

将自然光与人工光源模型集成到同一个光照系统中，是模拟出逼真光影效果的关键。

1. 光源属性设置

根据场景需求，设置各光源的位置、强度、颜色、衰减等属性。对于自然光，还要根据时间和天气条件动态调整这些属性。

2. 表面材质定义

为场景中的物体定义表面材质，包括反射率、折射率、粗糙度等参数。这些参数将影响光线在物体表面的反射和散射行为。

3. 光线追踪与渲染

使用光线追踪算法或光栅化技术，模拟光线在场景中的传播和与物体表面的相互作用。这包括计算直接光照、间接光照（如阴影、反射、折射等）以及全局光照效果（如环境光遮蔽、光散射等）。

4. 后处理与优化

对渲染结果进行后处理，如色调映射、抗锯齿、景深等，以提升图像质量。

同时，针对性能瓶颈进行优化，如使用 LOD 技术减轻渲染负担、利用 GPU 并行计算能力加速光线追踪等。

二、利用 AI 算法优化光照分布与强度

在追求高效、节能且美观的照明解决方案的过程中，人工智能（AI）算法正逐渐成为优化光照分布与强度的关键工具。通过深度分析环境数据、理解人类视觉感知机制，并结合先进的优化算法，AI 能够自动生成既满足功能需求又富有艺术美感的照明方案。

（一）理论基础：从光学原理到人类视觉感知

光照分布与强度的优化首先基于光学的基本原理，包括光的传播、反射、折射以及散射等。了解这些物理现象对于构建准确的照明模型至关重要，它们为 AI 算法提供了模拟和分析光照行为的数学框架。

优化光照的最终目的是提升人类的视觉体验。因此，深入理解人类视觉系统的工作原理，如亮度感知、色彩辨别等，是设计 AI 算法时不可或缺的一环。这有助于确保优化后的光照方案不仅符合物理规律，还能满足人类的审美和舒适度要求。在光照优化中，还须遵循一系列照明设计原则，如功能性、经济性、环保性、美学性等。这些原则为 AI 算法提供了明确的设计目标和约束条件，确保优化过程不偏离实际应用的需求。

（二）核心方法：AI 算法在光照优化中的应用

1. 数据驱动的照明建模

（1）数据采集

利用传感器网络或计算机视觉技术收集环境光照数据，包括光照强度、色温、分布模式等。

（2）特征提取

从原始数据中提取关键特征，如光源位置、表面反射率、空间结构等，为后续的 AI 工作提供输入信息。

（3）模型构建

基于深度学习技术，如卷积神经网络或循环神经网络，构建照明模型，用于预测和模拟光照效果。

2. 智能优化算法

（1）多目标优化

采用遗传算法、粒子群优化等多目标优化方法，同时考虑光照效率、能耗、舒适度等多个维度，寻求最优解。

（2）强化学习

通过构建奖励函数，如基于人类视觉偏好的光照评价，让AI在模拟环境中不断尝试和调整，直至找到最佳光照策略。

（3）深度学习优化

利用神经网络强大的非线性映射能力，AI可直接学习环境特征与最优光照参数的映射关系，实现快速且精准的照明设计。

3. 实时反馈与调整

（1）实时监测

结合物联网技术，实时监测环境光照变化和用户需求，为AI算法提供动态输入。

（2）自适应调整

根据监测结果，AI自动调整光照方案，确保光照效果始终符合预设目标，同时适应环境变化。

（三）技术挑战与解决方案

高质量的照明优化往往需要大量的计算资源，尤其是在处理复杂场景和实时反馈时。解决方案包括利用分布式计算、GPU加速以及算法优化，提高计算效率。光照数据的准确性和多样性直接影响AI算法的性能。通过增加传感器数量、提高数据采集精度，以及引入多样化的训练数据，可以提升算法的泛化能力和准确性。

人类的视觉感知是一个高度复杂且主观的过程，难以用简单的数学模型完全描述。解决方案包括结合心理学、生理学等多学科知识，构建更加精细的人类视觉模型，以及通过用户反馈机制不断优化算法。在使用智能照明系统的过程中，对用户隐私和数据的保护是不可忽视的。通过加密传输、数据脱敏以及严格遵守隐私政策，可以确保用户的隐私得到保护。

三、AI 实现光照效果的实时预览与调整

在照明设计领域，实时预览与调整光照效果是提升设计效率和用户体验的关键环节。随着人工智能技术的飞速发展，将人工智能应用于光照效果的实时预览与调整中，不仅能够显著提高设计的灵活性和精准度，还能为用户带来前所未有的交互式体验。

（一）技术框架：AI 驱动的实时预览与调整系统

1. 数据采集与预处理

（1）环境感知

利用高精度传感器（如光照传感器、深度相机等）实时捕捉环境数据，包括光照强度、色温，以及物体形状、材质等。

（2）数据预处理

对原始数据进行清洗、校准和归一化处理，以消除噪声和误差，确保数据的准确性和一致性。

2. 实时渲染引擎

（1）光照模型

利用光照模型（如 Phong 模型、PBR 模型等）模拟真实世界的光照效果，包括漫反射、镜面反射、折射等。

（2）实时渲染

利用 GPU 加速技术，如光线追踪、光栅化等，实现光照效果的实时渲染。这要求渲染引擎具备高度的优化和并行处理能力，以确保流畅的预览体验。

3.AI算法集成

（1）机器学习模型

训练机器学习模型（如神经网络）来预测和调整光照参数。这些模型可以根据环境数据、用户偏好以及设计原则，自动生成最优的光照方案。

（2）实时调整

将 AI 算法与渲染引擎进行集成，实现光照参数的实时调整。当用户通过交互界面改变光源位置、强度或颜色时，AI 算法能够迅速响应并更新渲染结果。

4.交互界面与用户体验

（1）直观界面

界面应展示实时反馈，如光照效果的预览图、参数调整后的对比等。

（2）个性化设置

根据用户的偏好和历史数据，提供个性化的光照推荐方案。用户可以通过保存和加载配置来快速切换不同的光照场景。

5.后处理与优化

（1）图像后处理

应用图像后处理技术（如色调映射、抗锯齿等）来增强渲染结果的视觉效果。

（2）性能优化

持续监控和优化系统的性能，确保在保持高质量渲染的同时，给用户提供低延迟和流畅的交互体验。

（二）面临的挑战与解决方案

1.计算性能需求

（1）挑战

实时渲染和 AI 算法的运行需要强大的计算能力，尤其是在处理复杂场景和进行高分辨率输出时。

（2）解决方案

利用 GPU 加速、分布式计算以及算法优化技术来提升计算性能。同时，通过降低渲染精度或采用近似算法来在性能和质量之间找到平衡点。

2. 数据质量与多样性

（1）挑战

AI 算法的性能高度依赖训练数据的质量和多样性。在实际应用中，获取足够数量和质量的训练数据可能是一个难题。

（2）解决方案

通过合成数据、数据增强以及跨领域迁移学习等技术来丰富训练数据集。同时，利用用户反馈和在线学习机制来持续改进算法。

3. 用户交互体验

（1）挑战

设计直观易用的交互界面对于提升用户体验至关重要。然而，如何平衡功能性和易用性是一个具有挑战性的问题。

（2）解决方案

进行用户研究和测试，了解用户的需求和偏好。采用迭代设计的方法，不断优化界面布局、交互逻辑和反馈机制。

4. 实时性与准确性

（1）挑战

在实时预览与调整中，确保光照效果的准确性和实时性是一个技术难题。特别是在处理动态场景和复杂光源时，难以实现完美的平衡。

（2）解决方案

采用预测性渲染技术，利用 AI 算法预测未来的光照变化并提前进行渲染。同时，通过优化渲染引擎和 AI 算法来提高处理速度。

四、考虑节能与环保，AI 推荐光照方案

在当今社会，随着能源消耗的日益增加和环境保护意识的逐渐增强，节

能与环保已成为照明设计领域不可忽视的重要议题。人工智能技术凭借其强大的数据处理能力和优化算法，为制定节能且环保的光照方案提供了前所未有的可能。

（一）节能与环保的光照策略

1. 需求导向的设计

（1）分析使用场景

AI 须深入分析照明空间的使用场景，包括活动类型、人员密度、时间分布等，以确定合理的照度水平和光照模式。

（2）动态调整

根据场景变化，如昼夜更替、天气状况或人员活动情况，AI 动态调整光照强度、色温等参数，既满足功能需求又节省能源。

2. 高效光源与灯具选择

（1）LED 技术

推荐采用高效节能的 LED 光源，其能效远超传统照明技术，且寿命长、维护成本低。

（2）智能灯具

选用可调光、可控色的智能灯具，便于 AI 根据实际需求进行精准控制，进一步节省能源。

3. 自然光利用

（1）日光采集

通过合理布局窗户、天窗等，最大化利用自然光资源，减少人工照明需求。

（2）智能遮阳

结合 AI 算法，根据太阳位置、光线强度等自动调节遮阳设施，平衡自然光与人工光的使用。

4. 能效优化

（1）照明分区

将照明区域划分为不同功能区，根据各区域的活动频率和重要性，实施分区控制，避免不必要的照明浪费。

（2）能源管理

集成能源管理系统，实时监测照明能耗，通过 AI 算法分析数据，发现节能潜力，提出优化建议。

（二）AI 技术在光照方案中的应用

1. 数据驱动的照明模型

（1）环境感知

利用传感器网络收集环境数据，如光照强度、人员活动、温度等，为 AI 模型提供输入数据。

（2）预测模型

基于历史数据和机器学习算法，建立照明需求预测模型，预测未来光照需求，提前调整照明方案。

2. 智能控制算法

（1）多目标优化

AI 综合考虑照明效果、能耗、舒适度等多个目标，采用遗传算法、粒子群优化等智能算法，寻求最优解。

（2）实时调整

根据实时数据，AI 动态调整光照参数，如亮度、色温、开关状态等，确保照明方案既满足需求又节能环保。

3. 用户行为学习

（1）习惯分析

通过长期监测用户行为，AI 学习用户的照明偏好和习惯，如偏好的光亮度、色温等，为个性化推荐提供依据。

（2）反馈机制

建立用户反馈机制，允许用户对照明方案进行评价和调整，AI 根据反馈不断优化推荐策略。

4. 远程监控与维护

（1）远程管理

集成远程监控平台，实现对照明系统的远程管理，包括状态监测、故障诊断、参数调整等。

（2）预测性维护

利用 AI 算法分析灯具寿命、故障率等数据，预测维护需求，提前安排维修或更换，减少能源浪费和维修成本。

（三）实践案例与效果评估

1. 商业建筑照明优化

（1）项目背景

某大型购物中心为提升顾客体验并降低能耗，引入 AI 照明管理系统。

（2）实施方案

安装智能灯具和传感器，并收集环境数据和顾客行为数据。AI 根据数据动态调整照明方案，如根据顾客流量调整亮度，利用自然光调节色温，等等。

（3）效果评估

实施后，购物中心能耗降低约 30%，顾客满意度提升，同时维护成本也显著下降。

2. 办公空间照明改造

（1）项目背景

一家科技公司希望优化其办公区域的照明系统，以提高员工工作效率并减少能耗。

（2）实施方案

采用 AI 照明控制系统，结合员工工作习惯和自然光条件，自动调整照明参数。同时，引入智能窗帘系统，根据光线强度自动调节开合度。

（3）效果评估

改造后，办公区域能耗降低约 25%，员工反馈照明环境更加舒适，工作效率有所提高。

3.公共空间照明智能化

（1）项目背景

城市公园为提升夜间照明效果并节约能耗，决定采用 AI 照明解决方案。

（2）实施方案

在公园关键区域安装智能灯具和传感器，AI 根据人流密度、天气状况等因素自动调整照明强度和色温。同时，设置智能控制系统，实现远程监控和管理。

（3）效果评估

实施后，公园夜间照明能耗降低约 40%，游客满意度提升，同时减少了光污染对周边环境的影响。

第四节　空间尺寸与人体工程学结合的 AI 设计

一、AI 分析人体工程学原理，确定空间尺寸范围

在建筑设计、家具设计、工作环境优化等多个领域，人体工程学原理的应用至关重要。它关乎如何使设计更好地满足人的生理、心理需求，提高使用的舒适性和效率。近年来，随着 AI 技术的飞速发展，利用 AI 分析人体工程学原理，确定空间尺寸范围，已成为提升设计质量、优化空间布局的新趋势。

（一）理论框架：人体工程学与 AI 的融合

1.人体工程学基础

（1）定义与范畴

人体工程学是研究人与机器、环境之间相互作用的学科，旨在优化人—机—环境系统，提高人的工作效率、安全性和舒适度。

（2）核心原则

包括适应性原则（设计应适应人的生理、心理特征）、易用性原则（设计应易于理解、操作）、效率原则（设计应提高工作效率）等。

2.AI技术的引入

（1）智能分析

AI能够处理大量数据，通过机器学习、深度学习等算法，发现数据中的规律和模式，为人体工程学原理的应用提供科学依据。

（2）动态调整

AI能够根据用户的具体需求、偏好以及环境变化，动态调整设计参数，确定个性化、智能化的空间尺寸。

3.融合路径

（1）数据收集与处理

利用传感器、问卷调查、生物识别技术等手段收集人体尺寸、活动范围、使用习惯等数据，为AI分析提供基础。

（2）模型构建与优化

基于人体工程学原理，构建空间尺寸预测模型。通过AI算法对模型进行训练和优化，提高预测的准确性和可靠性。

（3）决策支持

AI生成的预测结果和优化建议，为设计师、规划师等提供决策支持，指导空间尺寸的确定和布局设计。

（二）方法论探讨：AI分析人体工程学原理的方法

1.数据驱动的方法

（1）数据收集

通过多种渠道收集人体尺寸、活动模式、心理反应等数据，确保数据的全面性和代表性。

（2）数据预处理

对原始数据进行清洗、去噪、归一化处理，提高数据质量，为后续分析奠定基础。

（3）特征提取

利用 AI 算法提取数据中的关键特征，如人体尺寸参数、活动范围和模式等，为模型构建提供输入。

2. 模型构建与优化

（1）选择算法

根据问题特性和数据规模，选择合适的机器学习或深度学习算法，如线性回归、决策树、神经网络等。

（2）模型训练

利用训练数据集对模型进行训练，通过迭代优化算法参数，提高模型的预测能力。

（3）模型验证与评估

通过交叉验证、准确率评估等方法，验证模型的可靠性和泛化能力，确保预测结果的准确性。

3. 动态调整与个性化推荐

（1）实时反馈

集成实时监测系统，收集用户使用过程中的反馈数据，为 AI 提供动态调整的依据。

（2）个性化推荐

基于用户的历史数据、偏好以及实时反馈，AI 生成个性化的空间尺寸推荐方案，满足不同用户的需求。

4. 多目标优化

（1）综合考量

在确定空间尺寸的过程中，AI 综合考虑舒适性、效率、安全性等多个目标，利用算法进行多目标优化。

（2）权衡与决策

通过算法分析各目标之间的关系，AI 可以为设计师提供决策支持，帮助他们在多个目标之间找到最佳平衡点。

二、利用 AI 算法优化家具与设备的布局

在现代生活与工作中，家具与设备的布局不仅关乎空间的美观性与实用性，直接影响人们的使用效率、舒适度乃至健康。随着 AI 技术的飞速发展，利用 AI 算法优化家具与设备的布局已成为提升生活品质、提高工作效率的重要手段。

（一）策略制定：AI 优化布局的核心思路

首先，须详细分析空间使用者的需求，包括功能需求（如工作、休息、娱乐等）、心理需求（如私密性、开阔感等）以及生理需求（如舒适度、对健康的影响等）。基于需求分析，设定优化布局的具体目标，如提高空间利用率、增强使用体验、促进健康等。收集空间尺寸、家具设备规格、使用者习惯等多维度数据，为 AI 提供丰富的输入信息。对收集到的数据进行清洗，去除异常值，并进行标准化处理，以确保算法模型的准确性和稳定性。

根据布局优化的具体目标，选择合适的 AI 算法，如遗传算法、粒子群优化、深度强化学习等。基于选定的算法，构建布局优化模型，明确优化目标、约束条件以及评价指标。通过算法模型进行多次迭代计算，不断寻找更优的布局方案。对每次迭代产生的布局方案进行验证，根据反馈结果调整算法参数或优化目标，直至达到满意的效果。结合使用者的个性化需求，AI 能够为不同空间或使用者提供定制化的布局方案。随着使用者习惯或空间功能的变化，AI 能够利用算法动态调整布局，保持空间的最优状态。

（二）技术应用：AI 算法在布局优化中的具体运用

AI 利用算法对空间进行智能分割，根据使用者的需求和空间特点，将空

间划分成不同的功能区域，如工作区、休息区、娱乐区等。AI通过算法优化各功能区域的布局，确保空间得到高效利用，且交通动线流畅。根据空间尺寸和使用者需求，AI可以智能推荐合适的家具和设备类型，如沙发、桌椅、储物柜等。AI还可以考虑光线、通风、视线等因素，利用算法优化家具和设备的摆放位置，确保家具和设备使用的舒适性和便捷性。

在公共空间或商业场所，AI可以分析人流和物流的流动模式，优化家具和设备的布局，以减少拥堵、提高通行效率。通过算法模拟不同时间段的客流情况，AI可以为家具和设备的动态调整提供科学依据。AI可以综合考虑人体工程学原理、视觉舒适度、空气质量等因素，优化家具和设备的布局，创造健康、舒适的生活环境。利用算法分析使用者的活动习惯和姿势，AI可以为家具的设计和调整提供建议，预防职业病和身体不适。

第五章 人工智能与室内设计教学的融合

第一节 传统室内设计教学模式分析

一、传统室内设计教学模式的优缺点剖析

室内设计的教学模式直接影响学生的学习成效和未来的职业发展。传统室内设计教学模式，作为长期以来被广泛采用的教学体系，既有其独特的优势，也面临着不容忽视的局限性。

（一）传统室内设计教学模式的优势

传统室内设计教学模式注重知识的系统性和连贯性。通过分阶段、分层次的教学安排，学生能够循序渐进地掌握室内设计的基础理论、设计方法、材料运用等关键知识。这种系统的知识传授方式有助于学生构建完整的知识体系，为后续的深入学习打下坚实基础。在传统教学模式中，教师扮演着知识传授者和学习引导者的角色。他们凭借丰富的专业知识和教学经验，能够为学生提供准确、全面的指导。通过教师的讲解、示范和点评，学生能够更好地理解设计原理，掌握设计技巧，并在实践中不断提升自己的设计能力。

尽管传统教学模式注重理论传授，但也强调理论与实践的结合。通过实践课程、项目实训等环节，学生能够将所学理论知识应用于实际设计中，从而加深对知识的理解和掌握。这种理论与实践相结合的方式有助于培养学生的实践能力和解决问题的能力。与传统教学模式相比，新兴的教学模式如在

线教学、虚拟现实教学等往往需要更多的技术投入和成本支出。而传统教学模式的经济成本则相对较低，主要依赖传统的教室、教材和教师资源，不需要过多的技术投入和设备支持，这使得传统教学模式在资源有限的情况下仍然具有广泛的适用性。

（二）传统室内设计教学模式的局限性

在使用传统教学模式时，教师往往采用灌输式教学的方式，以讲授为主，学生被动接受。这种方式忽视了学生的主体性和主动性，限制了学生的思维发展和创新能力的发挥。在室内设计这样一个需要创意和个性的领域，单一的教学方式显然无法满足学生的多元化需求。尽管传统教学模式强调理论与实践的结合，但在实际操作中，理论与实践往往存在脱节现象。一方面，理论教学过于抽象和理论化，难以与具体的设计实践相结合；另一方面，实践课程往往缺乏系统性和针对性，难以达到预期的教学效果。这种脱节现象导致学生在面对实际设计任务时往往感到无从下手，缺乏解决实际问题的能力。

每个学生都有自己独特的兴趣、能力和学习风格，而在传统教学模式下教师却难以针对每个学生的特点进行个性化的指导和教学，这导致部分学生在学习中感到困惑和挫败，无法充分发挥自己的潜力和优势。传统教学模式的考核方式往往过于注重考试成绩和作业完成情况，而忽视了对学生实际设计能力和创新思维的考查。这种单一的考核方式无法全面评价学生的真实学习水平和能力发展状况，也难以激发学生的学习积极性和创新精神。

随着室内设计行业的快速发展和市场竞争的加剧，企业需要具备创新思维、市场敏感度和实践能力的人才，而传统教学模式却无法为学生提供足够的行业和市场信息，导致学生在毕业后难以适应市场需求和行业变化。传统教学模式往往依赖传统的教室、教材和教师资源，而这些资源通常有限且难以更新。随着室内设计行业的不断发展和技术的不断进步，新的设计理念、材料和技术不断涌现。然而，传统教学模式却难以及时引入这些新的教学资源和技术手段，导致教学内容和方法相对陈旧。

（三）对传统室内设计教学模式的改进建议

采用多元化教学方式如案例教学、项目实训、小组讨论等，激发学生的学习兴趣和主动性。通过引导学生参与实际设计项目、模拟真实工作环境等方式，增强学生的实践能力和解决问题的能力。通过优化课程设计、增加实践环节等方式，加强理论与实践的结合。将抽象的理论知识与具体的设计实践相结合，使学生能够更好地理解和掌握设计原理和方法。根据学生的兴趣、能力和学习风格等特点，实施个性化和差异化教学。通过为学生提供个性化的指导和教学支持，充分开发每个学生的潜力和优势。同时，注重培养学生的创新思维和批判性思维，使其能够更好地应对未来职业发展过程中的挑战。

建立科学的考核体系，注重对学生实际设计能力和创新思维的考查。通过引入项目评价、生生评价等多元化评价方式，全面反映学生的真实学习水平和能力发展状况。同时，注重激发学生的学习积极性和创新精神，提高其综合素质和竞争力。加强与企业和行业的联系与合作，关注市场需求和行业动态的变化。通过邀请企业专家授课、组织行业讲座等方式，为学生提供最新的行业信息和市场导向信息。积极拓展教学资源和技术手段，引入新的设计理念、材料和技术。通过建立在线教学平台、引入虚拟现实技术等方式，为学生提供更加丰富和多样化的学习资源和实践机会。同时，注重培养学生的信息技术应用能力和创新能力，使其能够更好地应对未来技术发展的挑战。

二、室内设计专业学生需求与传统教学模式的匹配度评估

室内设计作为一门融合了美学、功能性和实用性的学科，其教育目标在于培养学生的创造力、设计能力和实践能力。随着室内设计行业的不断发展和社会对设计人才需求的不断变化，室内设计专业学生的需求也日益多样化和个性化。传统教学模式作为长期以来被广泛采用的教学模式，是否能够有效满足学生的这些需求，成为一个值得深入探讨的问题。

（一）室内设计专业学生的需求

室内设计专业学生不仅要掌握扎实的设计理论，还要具备将理论应用于实践的能力。他们希望在学习过程中，能够通过实践项目、案例分析等，将所学知识转化为实际的设计能力。每个学生都有自己的兴趣、特长和学习风格，他们希望在学习过程中能够得到个性化的指导和支持。传统的教学模式往往忽视了学生的差异性，难以满足学生的个性化需求。

室内设计是一个需要创新思维的领域，学生希望在学习过程中能够得到创新思维的启发和创造能力的培养。他们希望教师能够引导他们打破传统框架，尝试新的设计理念和方法。室内设计学生非常关注市场需求和行业动态，他们希望在学习过程中能够了解最新的设计趋势、材料和技术，以及市场需求的变化，这有助于他们在未来的职业生涯中取得更好的发展。学生希望通过参与实际的设计项目、实习和竞赛等方式，积累实践经验，提升职业能力，这有助于他们更好地适应未来的就业市场，提高竞争力。

（二）传统教学模式的匹配度评估

传统教学模式在理论传授方面做得相对较好，但在与实践相结合方面存在不足。学生往往感到理论知识与实践操作之间存在脱节现象，难以将所学知识应用于实际设计。教师难以针对每个学生的特点进行个性化的指导和教学，导致部分学生在学习中感到困惑和挫败。这种教学模式无法满足学生多样化的学习需求，限制了他们的潜力和优势的发展。

传统教学模式在创新思维和创造能力的培养方面做得相对不足。教师往往注重传授已有的设计理论和技能，而忽视了对学生创新思维的启发和创造能力的培养。学生往往缺乏独立思考和解决问题的能力，难以在设计实践中发挥创新思维和创力。学生往往缺乏对市场需求的了解和对行业动态的掌握，导致他们的设计作品与实际市场需求之间存在差距，这不利于学生未来的职业发展和就业竞争力的提升。学生往往缺乏足够的实践经验和职业能力，导致他们在面对实际设计任务时无从下手，这不利于学生未来的就业和职业发展。

三、传统室内设计教学模式下的教学效果反馈

传统室内设计教学模式作为长期以来被广泛采用的教学模式,虽然在一定程度上为学生的基础知识构建和技能培养提供了帮助,但随着行业的发展和教育理念的更新,其教学效果大不如前。

(一)基础知识与技能掌握

传统室内设计教学模式在基础知识与技能的传授上具有较强的系统性。通过系统的课程设置,学生能够较为全面地掌握室内设计的基本原理、设计方法、材料运用、施工工艺等基础知识。同时,通过大量的课堂练习和课后作业,学生能够初步掌握设计绘图、模型制作等基本技能。这种教学模式下的学生,通常具备扎实的理论基础和一定的实践能力,这为他们后续的专业学习和职业发展打下了坚实的基础。

然而,值得注意的是,这种系统性的教学往往过于注重知识的灌输,而忽视了对学生创新能力和实践能力的培养,学生在掌握基础知识与技能的同时,可能缺乏独立思考和解决问题的能力,以及面对复杂设计任务时的应变能力。此外,由于教学内容的更新速度相对较慢,学生可能无法及时接触到最新的设计理念、材料和技术,导致他们的知识体系与市场需求存在一定程度的脱节。

(二)创新能力培养

创新能力是室内设计人才的核心竞争力之一。然而,在传统室内设计教学模式下,学生的创新能力培养往往受到一定的限制。一方面,教学模式过于注重知识的传授和技能的训练,而忽视了对学生创新思维的启发和培养。学生在设计过程中往往受到传统框架和规范的束缚,难以打破常规,尝试新的设计理念和方法。另一方面,传统教学模式下的评价方式也往往侧重对学生作品的技术性和规范性的评价,而忽视了对其创新性和独特性的评价。这种评价方式可能导致学生在设计过程中过于注重形式和技术,而忽视了设计的本质——创新和解决问题。

(三)实践能力提升

实践能力是室内设计专业学生必备的能力之一。然而,在传统教学模式下,学生的实践能力提升往往受到诸多限制。虽然学校会安排一定的实践课程和实训项目,但由于资源有限和缺乏与行业的紧密联系,这些实践机会往往难以满足学生的实际需求。

此外,传统教学模式下的实践教学往往缺乏系统性和针对性。学生在实践过程中可能缺乏明确的指导和反馈,导致他们在实践中难以得到有效的提升。这种实践教学的方式可能导致学生在面对实际设计任务时感到无所适从,难以将所学知识应用于实际设计。

(四)师生互动与合作学习

在传统室内设计教学模式下,师生互动和合作学习往往无法顺利进行。由于课堂时间有限,教师难以与每个学生进行深入的交流并提供指导。同时,学生之间的合作学习也常常缺乏有效的组织和引导,导致他们在学习过程中缺乏互动和协作。

这种缺乏互动和协作的学习模式可能导致学生在学习过程中难以得到有效的支持和帮助,进而感到孤独和无助。同时,缺乏合作学习也不利于学生团队协作能力和沟通能力的发展,而这些能力在未来的职业发展中都是至关重要的。

第二节 将 AI 技术引入教学的必要性

一、AI 可以提升教学效率,降低教学成本

在室内设计这一专业领域中,AI 技术正逐渐展现出其巨大的能力和潜力,不仅能够显著提升教学效率,还能有效降低教学成本。

（一）AI 提升教学效率

传统室内设计教学中，教师往往难以针对每个学生的特点和需求进行个性化的教学，而 AI 技术通过数据分析和机器学习，能够精准识别学生的学习风格、兴趣偏好以及知识掌握程度，从而为每名学生定制个性化的学习方法。这种定制化的教学方式能够确保学生在自己擅长和感兴趣的领域得到指导，同时在薄弱环节得到加强，从而大幅提高学习效率。学校可以利用 AI 技术开发智能辅助教学系统，根据学生的学习进度和反馈，自动调整教学内容和难度，确保学生始终保持在最佳学习状态。此外，智能答疑系统能够即时解答学生的疑问，无须等待教师的回复，从而节省了大量时间。这种即时反馈机制不仅提高了学生的学习效率，还增强了他们的学习动力和自信心。

学生可以在虚拟环境中自由探索和设计，这种直观的学习方式极大地提高了他们对空间布局、材料质感、光影效果等设计要素的感知和理解能力。相比传统的二维图纸和模型，VR 和 AR 技术使得学习过程更加生动有趣，同时大大提高了学习效率。AI 技术还能够实现对学生作品的自动化评估。通过图像识别和机器学习算法，AI 可以迅速分析学生的设计作品，给出客观、准确的评价，并提供有针对性的改进建议。这种自动化评估方式不仅减轻了教师的工作负担，还确保了评估的公正性和一致性，使学生能够及时调整自己的设计策略，不断提高设计水平。

（二）AI 降低教学成本

AI 技术能够替代教师完成部分工作，如答疑、作业批改、学习路径规划等。这意味着学校可以更加合理地配置教师资源，减少不必要的人力资源投入。同时，AI 技术还能够辅助教师进行教学管理，提高管理效率，进一步降低管理成本。AI 技术能够根据学生的学习需求和进度，智能推荐相关的学习资源，如教程、案例、视频等。这种精准的资源推荐方式避免了资源的浪费和重复利用，提高了教学资源的利用效率。此外，AI 还能够根据学生的学习反馈，不断优化和更新教学资源库，确保资源的时效性和准确性。

在室内设计教学中，实训是一个重要的环节。然而，传统的实训方式往往需要大量的材料、设备和场地，成本较高。而 AI 技术结合 VR 和 AR 技术，能够为学生提供虚拟的实训环境，不需要实际的材料和设备。这种虚拟实训方式不仅降低了实训成本，还避免了材料浪费和环境污染等问题。AI 技术使得远程教育成为可能。远程教育方式不仅打破了地域限制，还降低了教育成本。同时，AI 技术还能够促进不同学校和教育机构之间的资源共享，实现教育资源的优化配置和高效利用。

二、AI 可以实现个性化教学，满足不同学生需求

传统的教学方式往往采用"一刀切"的方法，难以兼顾每个学生的个体差异和需求。而 AI 技术的引入，为实现个性化教学提供了可能，让教育更加贴近每个学生的实际需求，从而有效提升教学效果和学生的学习体验。

（一）个性化教学的必要性

在传统的教学模式中，教师通常要根据大多数学生的水平和进度来编制教学计划。然而，学生之间的个体差异是显而易见的，学习能力、兴趣爱好、学习习惯等方面都存在显著差异。这种"一刀切"的教学方式往往导致部分学生感到吃力，而另一部分学生则觉得乏味无聊。个性化教学的出现，恰好能够解决这一问题。

个性化教学强调根据学生的个体差异量身定制教学内容、方法和进度，要求教师在充分了解每个学生的基础上，有针对性地进行教学设计，以满足学生的不同需求。这种教学方式不仅能够提高学生的学习兴趣和积极性，还能够有效促进学生的全面发展。

（二）AI 在个性化教学中的应用

AI 技术能够通过大数据分析，精准评估学生的学习水平和能力。通过对学生的学习数据（如作业完成情况、考试成绩、课堂表现等）进行收集和分析，AI 可以生成学生的学习画像，这为教师提供了全面、客观的学生评估结果，

有助于教师更加准确地了解学生的实际情况,从而编制更加合理的个性化教学计划。基于对学生水平的精准评估,AI可以为学生定制个性化的学习方案。它根据学生的知识掌握情况和学习能力,为学生推荐适合的学习资源和练习题,并设定合理的学习目标和进度。这种个性化的学习方案能够确保学生在适合自己的节奏下进行学习,避免因为进度过快或过慢而影响学习效果。

AI技术还能够实现智能辅导与答疑。这种智能辅导不仅能够为学生提供及时、准确的帮助,还能够根据学生的反馈和学习情况,动态调整辅导策略和内容。此外,AI还可以根据学生的学习数据预测学生可能遇到的问题和难点,并提前进行干预和指导。互联网上的学习资源浩如烟海,但并非所有资源都适合每个学生。AI技术能够根据学生的学习需求和兴趣,为学生推荐合适的学习资源,这些资源可能包括视频教程、在线课程、电子书、练习题等。通过个性化的资源推荐,学生可以更加高效地找到适合自己的学习资源,提高学习效率。

AI技术还能够实时监测学生的学习情况和进度,为教师提供及时的反馈。通过分析学生的学习数据,AI可以生成学生的学习报告,包括学习时间、学习效率、知识掌握情况等。这些报告有助于教师及时了解学生的学习状况,发现潜在的问题,并采取相应的措施进行干预。同时,学生也可以通过这些报告了解自己的学习情况,调整学习策略和方法。

三、AI可以促进教学创新,拓宽教学思路

AI不仅为教育带来了技术上的革新,还促进了教学创新,极大地拓宽了教学思路。传统的教学方式往往受限于资源、时间和空间,而AI的引入则打破了这些限制,为教育注入了新的活力。

(一)AI技术在教学创新中的核心作用

AI技术通过深度学习和大数据分析,能够精准地了解学生的学习习惯、兴趣和能力水平。基于这些数据,AI可以为学生提供个性化的学习资源和路径,

使每个学生都能在最适合自己的节奏和方式下学习。这种个性化的学习体验不仅提高了学习效率，还激发了学生的学习兴趣和动力。

传统的辅导和答疑方式往往受限于教师的时间和精力，而 AI 技术则能够实现 24 小时不间断的智能辅导和答疑。这种智能辅导不仅为学生提供了及时、准确的帮助，还减轻了教师的负担，使教师能够更专注于教学设计和学生引导。AI 技术还能够创设沉浸式的学习环境，使学生仿佛置身于真实的学习场景中。通过虚拟现实和增强现实技术，AI 可以模拟出各种复杂的学习情境，如历史事件的重现、科学实验的模拟等。这种沉浸式的学习环境不仅提高了学生的参与度和体验感，还加深了学生对知识的理解和记忆。

（二）AI 技术拓宽教学思路的具体表现

传统的教学方式往往局限于教室和课堂时间，而 AI 技术的引入则打破了这种时空限制。这种灵活的学习方式不仅方便了学生，还提高了学习的连续性和效率。

AI 技术促进了不同学科之间的融合和交叉。通过 AI 技术，教师可以轻松地将不同学科的知识进行整合和串联，形成跨学科的教学方法。这种教学方法不仅拓宽了学生的知识视野，还培养了学生的综合思维能力和创新能力。

AI 技术为项目式学习和探究式学习提供了强大的支持。通过 AI 技术，学生可以自主地选择感兴趣的项目或课题进行研究和学习。AI 可以为学生提供相关的学习资源、工具和平台，帮助学生进行数据分析和结果呈现。这种学习方式不仅培养了学生的自主学习能力和问题解决能力，还提高了学生的实践能力和创新能力。

传统的教学评估往往依赖考试和作业等单一的评价方式，而 AI 技术则能够实现精准的教学评估与反馈。通过对学生学习数据的实时分析，AI 可以生成学生的学习画像和学习报告，为教师提供全面、客观的学生评估结果。同时，AI 还可以根据学生的学习情况，为教师提供有针对性的教学建议和改进措施。这种精准的教学评估与反馈不仅提高了教学的针对性和有效性，还促进了教师的专业成长和职业发展。

（三）AI 技术在教学创新中的实践案例

智能课堂助手是 AI 技术在教学创新中的一个典型应用。它可以通过语音识别和自然语言处理技术，实现与学生的实时互动和答疑。同时，智能课堂助手还可以根据学生的学习数据和反馈，为教师提供教学建议和改进措施。智能课堂助手不仅提高了课堂的互动性和趣味性，还减轻了教师的负担，提高了教学效率。

虚拟实验室是 AI 技术在科学教学中的应用之一。通过虚拟现实技术，学生可以进入一个虚拟的实验室环境中进行实验操作和学习。虚拟实验室不仅可以模拟真实的实验场景和过程，还可以根据学生的实验操作给予即时的反馈和指导。虚拟实验室不仅降低了实验的成本和风险，还提高了学生的实验技能和动手能力。

在线学习平台是 AI 技术在教学创新中的另一个重要应用。它可以通过 AI 技术为学生提供个性化的学习资源和路径，同时可以实现对学生的学习跟踪和评估。在线学习平台不仅可以方便学生进行自主学习和协作学习，还可以为教师提供教学管理和学生管理的工具。在线学习平台不仅丰富了学习的渠道和方式，还提高了学习的效率和质量。

四、AI 可以培养学生适应未来行业发展的能力

随着科技的飞速发展，人工智能正逐渐渗透到我们生活的各个领域，对行业发展和人才培养产生了深远影响。面对这一趋势，教育领域必须与时俱进，培养学生适应未来行业发展的能力。AI 技术凭借其强大的数据处理、模式识别和决策支持等功能，为学生提供了前所未有的学习机会和资源，有助于他们更好地掌握未来行业所要求的关键技能。

（一）AI 与未来行业发展趋势

在 AI 的推动下，许多传统行业正在经历深刻的变革。从制造业到服务业，从医疗到教育，AI 的应用正在改变行业的运作模式，提高生产效率，并催生

新的业务形态和服务模式。这种变革要求从业者具备更高的技术素养、更强的创新能力和更灵活的学习能力。

随着AI技术的普及，行业对人才技能的需求也在发生变化。除了传统的专业知识外，数据分析、机器学习、编程等技能逐渐受到重视。同时，软技能如批判性思维、团队合作、沟通表达等也变得越来越重要。这些技能共同构成了未来行业所需的高素质人才画像。

（二）AI如何培养学生适应未来行业发展

AI技术能够根据学生的兴趣、能力和学习进度，为他们提供个性化的学习路径。这种定制化的学习方式不仅提高了学习效率，还帮助学生发掘自己的潜能和兴趣点，为未来的职业规划打下坚实的基础。通过AI的精准推荐，学生可以接触到更多与自己兴趣和职业规划相关的学习资源和实践机会。

在未来行业中，数据分析和处理能力将成为一项重要的基本技能。AI技术通过提供大量的数据处理和分析工具，帮助学生掌握数据科学的基础知识，如统计学、机器学习等。这些技能将使学生在未来工作中能够更有效地处理和分析数据，更精准地做出决策。AI技术鼓励学生进行探索和实验，培养他们的创新思维和问题解决能力。通过AI平台，学生可以参与到模拟实验、虚拟项目等实践活动中，这些活动不仅锻炼了学生的实践能力，还激发了他们的创新思维。在未来的行业中，这种能力将帮助学生更好地应对复杂的问题和挑战。

AI技术促进了不同学科之间的融合和交叉，要求学生具备跨学科的学习能力。通过AI平台，学生可以轻松地获取不同学科的学习资源来进行跨学科的学习和研究。这种跨学科的学习经历不仅开阔了学生的知识视野，还培养了他们的综合思维能力和创新能力，为他们成为未来行业所需的高素质人才奠定了基础。AI技术的快速发展使得知识更新速度加快，终身学习成为必然趋势。AI通过提供持续的学习资源和反馈机制，帮助学生建立终身学习的习惯和自我提升的意识。这种意识和习惯将使学生在未来的职业生涯中能够不断适应行业变化，保持竞争力。

第三节　AI 辅助室内设计课程设置建议

一、构建包含 AI 技术的课程体系框架

构建一个包含 AI 技术的课程体系框架，是一个复杂但至关重要的任务。

（一）课程体系设计原则

循序渐进：从基础知识入手，逐步深入，确保学习者能够建立坚实的理论基础。

理论与实践相结合：强调理论知识传授的同时，注重通过项目、案例研究等方式加强学习者的实践能力。

跨学科融合：结合计算机科学、数学、统计学、心理学、伦理学等多个学科，培养复合型人才。

前沿性：紧跟 AI 技术最新进展，定期更新课程内容。

个性化学习：提供多样化的学习路径和资源，满足不同学习者的需求。

（二）课程体系框架

1. 基础层

（1）数学基础

线性代数、概率论与统计学、微积分、优化理论。这些是理解机器学习算法、数据分析等 AI 核心内容的数学工具。

（2）编程基础

Python 编程语言（因其广泛应用于 AI 领域）、数据结构与算法、软件工程基础。通过编程实践，学习者能够将理论转化为实际代码。

（3）计算机科学基础

计算机体系结构、操作系统、计算机网络。了解计算机底层原理有助于提高 AI 模型的运行效率。

2. 应用层

（1）AI+ 行业应用

根据具体行业（如医疗、金融、教育、制造业）设计课程，探讨 AI 技术如何解决行业特定问题，如医疗影像识别、智能投顾、个性化教育推荐、智能制造等。

（2）大数据与 AI

大数据处理技术（如 Hadoop，Spark）、数据挖掘、数据可视化。大数据是 AI 应用的基石，掌握这些技术有助于高效处理和分析海量数据。

（3）云计算与 AI

云服务基础、云上的 AI 平台使用（如 AWS SageMaker，Google AI Platform）、云原生技术。云计算提供了强大的计算资源和灵活的部署方式，是 AI 应用部署的重要平台。

3. 拓展层

（1）伦理与法律

AI 伦理、隐私保护、数据安全、算法偏见与公平性。随着 AI 技术的广泛应用，其社会影响日益凸显，这部分内容对于培养负责任的 AI 从业者至关重要。

（2）人机交互（HCI）

用户体验设计、交互设计原则、可用性测试。良好的人机交互设计能够提升 AI 产品的接受度和使用效率。

（3）创新与创业

创新思维方法、产品设计、商业模式创新、创业管理。鼓励学习者将 AI 技术转化为实际产品或服务，培养创业精神和实践能力。

4. 实践层

（1）项目实践

参于真实世界的项目，如开发一个智能客服系统、构建一个图像识别模型等。通过团队合作，学习者将所学知识应用于解决实际问题，提升综合能力。

（2）实习与毕业设计

与企业合作，给学生提供实习机会，让学生在真实工作环境中学习和成长；鼓励学生在毕业设计中围绕 AI 技术进行深入研究和创新。

（3）竞赛与社区参与

鼓励学生参加国内外 AI 相关竞赛，如 Kaggle 竞赛、机器人大赛等，以及参与开源项目、技术论坛，进而拓宽视野，增强实践能力。

（三）教学方法与资源

1. 混合式学习

结合线上视频课程、直播授课、线下研讨会、小组讨论等多种教学形式，提高学习效率和互动性。

2. 实战导向

通过案例分析、项目参与等教学方式，让学生在实践中学习，增强解决问题的能力。

3. 优质资源库

建立包含教材、论文、开源代码、数据集、在线工具等在内的资源库，为学生提供丰富的学习材料。

4. 导师制

为每名学生配备导师，提供个性化指导和职业规划建议，帮助学生明确学习方向，解决学习过程中的困惑。

（四）评估与反馈

1. 多元化评价

采用作业、项目、考试、报告、同行评审等多种评价方式，全面评估学生的学习成果。

2. 持续反馈

建立即时反馈机制，通过在线问答、定期会议等方式，及时解答学生疑问，调整教学策略。

3. 成果展示

组织项目展示会、学术报告会，让学生有机会展示自己的学习成果，增强自信心和表达能力。

二、确定 AI 技术相关课程的核心内容与目标

确定 AI 技术相关课程的核心内容与目标，是确保教育质量、满足行业需求、培养高素质 AI 专业人才的关键。AI 技术作为计算机科学的一个重要分支，涵盖了机器学习、深度学习、自然语言处理、计算机视觉等多个领域，应围绕这些关键技术确定 AI 技术相关课程的核心内容与目标，旨在培养学生的理论素养、实践能力、创新思维以及 AI 伦理意识。

（一）核心内容与目标概述

AI 技术相关课程的核心内容应涵盖 AI 的基础理论、算法模型、技术应用、伦理与法律等方面，旨在培养学生的 AI 思维、编程能力、问题解决能力和跨学科合作能力。具体目标包括：

掌握 AI 基础理论。了解 AI 的发展历程、基本概念、核心技术和应用场景，建立对 AI 技术的全面认知体系。

掌握 AI 算法与模型。深入学习机器学习、深度学习等核心算法，理解其原理、应用场景及优化方法。

掌握 AI 技术应用。了解 AI 技术在自然语言处理、计算机视觉、推荐系统等领域的应用，掌握相关工具和框架的使用。

培养实践能力。通过项目实践、案例分析等方式，将所学知识应用于解决实际问题，提升实践能力和创新思维能力。

增强伦理意识。了解 AI 技术的伦理和社会影响，培养负责任的 AI 领域从业者。

（二）核心内容与目标详述

1. AI 基础理论

（1）内容

介绍 AI 的发展历程、基本概念、核心技术和应用场景，包括人工智能、机器学习、深度学习等术语的定义和区别，以及 AI 在不同领域的应用实例。

（2）目标

使学生全面了解 AI 技术，建立对 AI 技术的兴趣和认知基础，为后续深入学习打下基础。

2. 机器学习基础

（1）内容

介绍机器学习的基础理论、算法模型、评估方法和应用场景。

（2）目标

使学生掌握机器学习的基础理论和方法，理解其原理和应用场景，为后续深入学习深度学习等高级算法打下基础。

3. 深度学习

（1）内容

介绍深度学习的基本概念、神经网络模型、优化算法和应用场景。

（2）目标

使学生掌握深度学习的核心技术和算法，理解其原理和应用场景，具备利用深度学习解决实际问题的能力。

4. 自然语言处理（NLP）

（1）内容

介绍 NLP 的基础理论、算法模型、应用场景和技术工具。具体包括词嵌入、句法分析、语义解析、文本分类、情感分析、机器翻译等。

（2）目标

使学生掌握 NLP 的基础理论和方法，理解其原理和应用场景，具备利用 NLP 技术解决实际问题的能力。

5. 计算机视觉

（1）内容

介绍计算机视觉的基础理论、算法模型、应用场景和技术工具。具体包括图像处理基础、特征提取、目标检测、图像分割、人脸识别等。

（2）目标

使学生掌握计算机视觉的基础理论和方法，理解其原理和应用场景，具备利用计算机视觉技术解决实际问题的能力。

6. AI 伦理与法律

（1）内容

介绍 AI 技术的伦理和社会影响，包括隐私保护、数据安全、算法偏见与公平性等问题，以及相关的法律法规和伦理准则。

（2）目标

使学生了解 AI 技术的伦理和社会影响，具备 AI 领域从业者素养，能够在应用 AI 技术时遵守法律法规和伦理准则。

7. 实践与应用

（1）内容

通过项目实践、案例分析等方式，让学生将所学知识应用于解决实际问题。具体包括开发 AI 应用原型、参与 Kaggle 竞赛、参与开源项目等。

（2）目标

强化学生的实践能力、创新思维能力和跨学科合作能力，使学生能够将所学知识应用于实际问题解决中，积累宝贵的项目经验。

（三）教学方法与资源

采用讲授、讨论、实践等多种教学方法相结合的方式，注重理论与实践的结合。通过案例分析、项目实践等方式，激发学生的学习兴趣和主动性，提升学习效果。利用优质的教材、在线课程、开源项目、数据集等资源，为学生提供丰富的学习材料和实践机会。同时，邀请行业专家举办讲座，进行交流，拓宽学生的视野和思路。

（四）评估与反馈

注重过程评价和结果评价的结合，及时反馈学生的学习情况和存在的问题。建立有效的反馈机制，鼓励学生提出问题和建议，及时调整教学内容和方法，提升教学质量和效果。同时，关注学生的学习进度和兴趣点，为学生提供个性化的指导和支持。

三、设计与传统课程相结合的 AI 教学模块

将 AI 教学模块与传统课程相结合，旨在融合现代科技与传统教学的优势，使学生获得更全面、更深入的学习体验。这种结合不仅能够提升学生的科技素养和创新能力，还能帮助他们更好地满足未来社会的需求。

（一）设计原则

1. 融合性

AI 教学模块应与传统课程内容紧密相关，成为课程的有机组成部分，而非简单的附加物。

2. 实践性

强调实践操作和问题解决，让学生在应用中学习 AI 技术。

3. 跨学科性

鼓励跨学科合作，将 AI 技术与数学、物理、文学、历史等传统学科相结合，拓宽学生的视野。

4. 个性化

根据学生的兴趣和能力提供个性化的学习路径和资源。

5. 伦理性

培养学生的伦理意识，确保他们在使用 AI 技术时能够考虑其社会影响。

（二）AI 教学模块的设计

1. 模块内容的选择

对于初学者，可以引入 AI 的基础知识，如机器学习、深度学习的基本概念，

以及 Python 编程等技能。这些内容可以与计算机科学导论或信息技术课程相结合。

根据传统课程的内容，选择适合应用 AI 的领域进行介绍。例如，在数学课程中，可以介绍 AI 在数学问题解决、数据分析中的应用；在语文课程中，可以探讨 AI 在文本分析、自然语言处理方面的应用。鼓励学生利用 AI 技术进行创新和项目实践。可以设立跨学科的项目，如利用 AI 技术改善校园环境、开发教育游戏等。

2. 教学方法的融合

在传统课程的讲授中，穿插 AI 技术的演示，让学生直观感受 AI 的魅力。利用 AI 技术制作预习材料，让学生在课前自主学习，课堂上则进行深度讨论和实践操作。

结合传统课程的内容，设计基于 AI 技术的项目，让学生在实践中学习。例如，在历史课程中，学生可以利用 AI 技术进行历史文献的分析和可视化加工。鼓励学生组成小组，共同完成跨学科的项目。通过合作，学生可以学习到不同学科的知识，同时提升团队协作能力。

3. 评估与反馈

结合传统课程的考试、作业和课堂表现，以及 AI 教学模块中的项目实践、在线测试等，进行多元化评估。利用 AI 技术进行即时反馈，如通过智能辅导系统提供个性化的学习建议，或利用机器学习算法分析学生的学习数据，为教师提供教学改进的建议。

鼓励学生进行自我评估，反思自己的学习过程和成果，培养自主学习能力和批判性思维。

4. 资源的整合与利用

利用开源的 AI 工具和框架，如 TensorFlow、PyTorch 等，为学生打造实践平台。

整合优质的在线 AI 课程和资源，如 MOOC、教育平台上的 AI 课程等，为学生提供丰富的学习资料。与企业合作，引入真实的 AI 项目案例并邀请专家举办讲座，让学生了解 AI 技术的实际应用和前沿动态。

（三）实施策略

对教师进行 AI 技术的培训，提升他们的科技素养和教学能力。同时，鼓励教师参与 AI 教学模块的设计和实施。在课程设计阶段，将 AI 教学模块与传统课程相结合。通过跨学科合作和课程整合，实现内容的无缝衔接。建立稳定的技术支持体系，确保 AI 教学模块的顺利实施，包括提供必要的硬件设备、软件工具和技术支持人员。

在 AI 教学模块中融入伦理教育，培养学生的责任感和伦理意识。通过案例分析和讨论，让学生了解 AI 技术的社会影响和面临的伦理挑战。建立持续改进机制，定期收集学生和教师的反馈意见，对 AI 教学模块进行评估和调整。同时，关注 AI 技术的最新发展动态，及时更新课程内容。

第四节 教学方法与策略的创新实践

一、采用混合式教学模式，结合线上与线下教学

随着信息技术的飞速发展和教育理念的不断革新，混合式教学模式逐渐成为教育领域的一大热点。特别是在室内设计这一既注重理论又强调实践的学科中，混合式教学模式能够充分发挥线上与线下教学相结合的优势，让学生获得更加全面、灵活和高效的学习体验。

（一）混合式教学模式的定义与特点

混合式教学模式，又称混合学习或混成学习，是指将传统面授教学（线下教学）与现代在线教学（线上教学）有机结合的一种教学方式。它旨在通过整合两者的优势，实现教学效果的最优化。

混合式教学模式的特点主要包括：学生可以根据自己的实际情况灵活地选择时间和地点进行学习，提高了学习的灵活性和便捷性。使用线上平台进

行数据分析，教师可以更精准地了解学生的学习情况，从而提供个性化的教学辅导。线上平台提供了丰富的交互工具，如讨论区、在线问答等，促进了师生、生生之间的交流与互动。教师可以利用线下教学集中解决难点和疑点，利用线上教学进行知识的巩固和拓展，提高了教学的整体效率。

（二）室内设计教学的需求与挑战

室内设计是一门集艺术、技术、科学于一体的综合性学科，它要求学生不仅要掌握扎实的理论知识，还要具备熟练的设计技能和高水平的创新能力。然而，在传统的教学模式中，室内设计教学面临着诸多挑战：理论教学往往过于抽象，缺乏与实际项目的紧密联系，导致学生难以将所学知识应用于实践。受场地、设备等条件的限制，传统教学难以提供丰富多样的教学资源和案例。传统的评价方式往往侧重理论知识的考核，忽视了对学生实践能力和创新能力的评估。

（三）混合式教学模式在室内设计教学中的应用策略

针对室内设计教学的需求与挑战，可以从以下几个方面考虑混合式教学模式的实际应用：

1. 线上理论教学与线下实践指导相结合

利用在线平台提供丰富的理论教学资源，如视频讲座、电子教材、在线测试等。学生可以随时随地进行自主学习，掌握室内设计的基本原理和理论知识。在实验室或设计工作室进行实践教学，教师现场指导学生进行设计草图绘制、材料选择、模型制作等实际操作。通过面对面的交流，教师可以及时解决学生在实践中遇到的问题，帮助学生强化设计技能。

2. 虚拟仿真技术与实体项目相结合

利用虚拟现实和增强现实技术，创建虚拟的室内设计环境。学生可以在虚拟环境中进行设计实验，体验不同的设计风格和布局效果，降低设计成本和风险。与装修公司、设计院等合作，让学生参与真实的室内设计项目。通过实地测量、客户沟通、方案设计等环节，学生可以深入了解室内设计的实际流程和要求，提升自己的综合设计能力。

3.线上协作平台与线下团队合作相结合

利用在线协作工具，如在线文档、项目管理软件等，促进学生之间的协作与交流。学生可以分工合作，共同完成设计任务，这样有助于提高团队协作能力和项目管理能力。组织学生进行小组讨论、设计评审等活动，增强团队凝聚力和合作意识。通过面对面的交流，学生可以更深入地了解彼此的想法和观点，激发创新灵感。

4.多元化评价方式

利用在线测试、作业提交等，对学生的理论知识掌握情况进行定期评估。同时，通过在线讨论和互动，了解学生的学习态度和参与度。通过分析实践项目的完成情况、设计作品的质量等信息，对学生的实践能力和创新能力进行评价。此外，还可以邀请行业专家进行评审，提供更具专业性的反馈和建议。

二、实施项目驱动教学法，提升室内设计专业学生的实践能力

在当今社会，室内设计作为一门实践性极强的学科，对学生的综合能力提出了极高的要求。传统的填鸭式教学往往侧重理论知识的传授，而忽视了学生实践能力的培养。项目驱动教学法作为一种以学生为中心、以实践为导向的教学模式，恰好能够弥补这一不足，通过让学生参与真实的或模拟的项目，提升其解决实际问题的能力，增强团队协作意识，以及培养创新思维。

（一）项目驱动教学法的内涵

项目驱动教学法，顾名思义，是以项目为核心，通过项目的规划、实施、评估等过程，驱动学生学习知识、掌握技能、提升能力的一种教学方法。它强调学生的主体性，鼓励学生在完成项目的过程中主动探索、合作学习，从而实现对知识的深度理解和应用。项目驱动教学法通常包括项目选题、方案设计、任务分配、实施操作、成果展示、反思总结等环节，每个环节都紧密围绕项目展开，形成一个完整的学习循环。

（二）项目驱动教学法在室内设计教学中的应用价值

室内设计是一门实践性极强的专业，项目驱动教学法通过让学生参与真实或模拟的设计项目，使其在实践中学习、在学习中实践，有效提升其设计、材料选择、施工管理等实践能力。项目驱动教学法要求学生将所学知识应用于解决实际问题，这促使学生对理论知识进行梳理、整合和应用，加深对知识的理解，形成系统的知识体系。

相比于枯燥的课堂教学，项目驱动教学法以项目为载体，让学生在完成任务的过程中体验到成就感，更容易激发其学习兴趣和动力。在项目驱动教学中，学生通常要分组合作，共同完成项目，这有助于培养学生的团队协作意识、沟通能力和领导力。面对复杂多变的设计任务，学生要不断探索新思路、新方法，这有助于培养其创新意识和创新能力。

（三）项目驱动教学法在室内设计教学中的具体实施策略

项目选题是项目驱动教学的第一步，也是至关重要的一步。教师应结合课程内容、学生兴趣以及行业趋势，精选具有代表性、挑战性和实用性的项目主题，确保项目既能覆盖核心知识点，又能激发学生的学习兴趣。在项目开始之前，教师应与学生一起编制详细的项目计划，包括项目目标、任务分解、时间节点、责任分配等，以确保项目能够有序推进。

在项目实施过程中，教师应扮演引导者和辅助者的角色，定期与学生沟通，了解项目进展，解答疑难问题，提供必要的资源和支持。同时，鼓励学生之间互相学习、互相帮助，形成良好的学习氛围。项目完成后，应组织开展成果展示会，让学生展示自己的设计作品，并邀请行业专家、教师和其他学生进行点评。通过展示和反馈，学生可以了解自己的设计水平和不足之处，为今后的学习和实践提供参考。

在项目驱动教学中，评价方式应多元化，既包括对项目成果的评价，也包括对项目过程的评价；既包括对学生个人能力的评价，也包括对团队协作能力的评价。多元化评价可以全面、客观地反映学生的学习成果和综合能力。

三、利用翻转课堂，增强室内设计学生学习主动性

在室内设计教学中，翻转课堂作为一种新型的教学模式，通过转换传统教学中的师生角色、学习流程等，实现了对学生学习主动性的有效激发。

（一）翻转课堂在室内设计教学中的意义

翻转课堂强调让学生在课前通过观看视频、阅读材料等方式自主学习基础知识，而在课堂上则更多地进行讨论、实践和问题解决，这种教学模式能够激发学生的学习兴趣。对于室内设计这样实践性强的专业，学生能够通过实际操作和讨论，更直观地理解理论知识，从而增强学习兴趣。

翻转课堂要求学生在课前进行自主学习，这培养了学生的自主学习能力。在室内设计领域，这种能力尤为重要，因为设计师必须不断吸收新的设计理念，以及新材料和新技术的相关知识。通过翻转课堂，学生可以学会如何有效地获取、整合和应用新知识，为未来的职业生涯打下坚实的基础。在翻转课堂的实施过程中，教师不再是单纯的知识传授者，而是学生学习的引导者和合作者。这种角色的转变促进了师生之间的互动与合作，使学生更愿意参与到课堂讨论中来，分享自己的观点和想法。同时，教师也可以更好地了解学生的学习情况，及时给予指导和帮助。

（二）翻转课堂在室内设计教学中的应用策略

课前学习资源是翻转课堂的重要组成部分，其质量直接影响到学生的学习效果。因此，教师要精心组织利用这些资源，确保其既符合教学大纲的要求，又能激发学生的学习兴趣。对于室内设计课程，教师可以制作一系列关于设计风格、材料选择、空间规划等方面的视频教程，并配以相关的案例分析和阅读材料。这些资源应该具有层次性，以满足拥有不同学习基础和能力的学生。

预习是翻转课堂的关键之一。教师必须明确预习目标和任务，并通过在线平台或其他方式监督学生的预习情况。为了提高学生的预习效果，教师可以设置一些预习测试或问题，让学生在预习过程中进行思考和解答。同时，

教师还可以鼓励学生与同学互相讨论和分享预习成果，以加深对知识的理解。翻转课堂的课堂活动应该多样化，以激发学生的学习兴趣和主动性。教师可以组织小组讨论、案例分析、角色扮演、项目实践等活动，让学生在实践中学习和应用知识。例如，在讨论某种设计风格时，教师可以将学生分成小组，让他们分别研究该风格的特点、应用场景和优缺点，并在课堂上进行汇报和交流。这种活动不仅能够加深学生对设计风格的理解，还能培养他们的团队协作和沟通能力。

反馈与评估是教学过程中不可或缺的一环。在翻转课堂中，教师要及时了解学生的学习情况，并给予反馈和指导。同时，教师还要定期对学生的学习成果进行评估，以了解他们的学习效果和进步情况。评估方式可以多样化，包括作品展示、口头报告、书面测试等。通过及时反馈与评估，教师可以帮助学生发现自己的不足，并及时调整学习策略和方法。

翻转课堂是一个动态的教学过程，教师要根据实际情况不断进行教学调整和优化。例如，根据学生的预习情况和课堂反馈，教师可以适时调整教学内容和难度；根据学生的兴趣和需求，教师可以引入新的教学资源和活动形式。此外，教师还可以利用现代技术手段（如大数据、人工智能等）来分析学生的学习数据和行为习惯，为教学提供更加精准和个性化的支持。

四、引入互动式教学策略，提高学生的课堂参与度

在室内设计教育领域，传统的讲授式教学往往侧重知识的单向传递，而忽视了学生的主体性和参与度。随着教育理念的不断更新，互动式教学策略逐渐成为提升教学质量、增强学生学习主动性的有效途径。

（一）互动式教学策略概述

互动式教学是一种以学生为中心，强调师生、生生之间多向交流的教学模式。它鼓励学生主动探索、合作学习，通过讨论、协作、反馈等互动环节，促进学生对知识的理解与应用。在室内设计教学中，互动式教学策略尤为重

要，因为它能够激发学生的创造力，培养他们的批判性思维和团队协作能力，为未来的设计实践打下坚实基础。

（二）互动式教学策略在室内设计课堂中的应用原则

互动式教学的核心在于尊重学生的主体地位，让学生成为学习过程的积极参与者而非被动接受者。在室内设计课堂上，教师应关注学生的需求和兴趣，设计符合其认知水平和学习风格的教学活动。有效的互动不仅包括师生之间的问答，还应包括生生之间的讨论、合作与分享。教师应营造开放、包容的课堂氛围，鼓励学生从不同角度思考问题，提出见解，促进思想的碰撞与融合。

室内设计是一门实践性极强的学科，互动式教学应紧密结合实际项目或案例，让学生在模拟的或真实的设计环境中学习，将理论知识转化为解决实际问题的能力。互动式教学是一个动态的过程，教师要不断观察学生的学习状态，及时给予反馈，并根据学生的反馈调整教学策略，确保教学活动始终围绕学生的学习目标展开。

（三）互动式教学策略在室内设计课堂中的具体应用

将班级分成若干小组，每组围绕特定的设计主题或案例进行深入讨论。讨论后，每组选派代表进行汇报，分享小组的发现、分析成果以及设计方案。这种策略不仅能促进学生的主动学习，还能锻炼他们的团队协作和公众演讲能力。让学生分别扮演设计师、客户、项目经理等角色，模拟设计项目的全过程。这种策略能够帮助学生从不同视角理解设计需求，增强他们的沟通能力和同理心，同时加深对设计流程的理解。

在课堂上设置问题墙或利用在线平台，鼓励学生提出问题、分享观点，甚至进行小型辩论。教师可以引导学生围绕设计原则、风格选择、材料应用等话题展开讨论，深化对知识的理解和应用。利用现代技术手段，如在线问卷、投票、即时通信工具等，收集学生对教学内容的反馈，及时调整教学策略。同时，这些工具也能促进师生之间的即时互动，方便教师解答学生的疑问，增强课堂的互动性，提高学生的参与度。

围绕具体的设计项目，组织学生进行项目式学习。在项目实施过程中，学生可以自主选择研究方向、组建团队、编制计划，并在教师的指导下完成设计任务。此外，定期举办设计工作坊，邀请行业专家或资深设计师参与，为学生提供专业的指导，进一步提升他们的设计技能和创新能力。鼓励学生撰写反思日志，记录自己的学习过程、设计思路、遇到的挑战及解决方案等。这不仅有助于学生自我反思和成长，还能作为教师评估学生学习效果的重要依据。同时，引入同伴评价机制，让学生相互评价设计作品，促进彼此之间的学习和借鉴。

第五节 学生能力培养与评价体系构建

一、明确室内设计专业学生能力培养的目标与要求

室内设计的教育目标不仅在于传授专业知识与技能，还在于培养学生的综合素质与创新能力，以帮助学生适应快速变化的市场需求和行业发展趋势。明确室内设计学生能力培养的目标与要求，是提升教学质量、促进学生全面发展的关键。

（一）专业知识与技能基础

学生应深入理解室内设计的基本理念、原则和方法，包括空间规划、色彩搭配、材料选择、灯光设计、家具布置等。这些基础知识是设计实践的基石，也是创新思维的起点。室内设计专业的学生必须熟练掌握 AutoCAD、SketchUp、3Ds Max、Photoshop 等室内设计相关软件，以及手绘、模型制作等传统工具的使用方法，这样才能清晰直观地表达设计理念、呈现设计效果。

室内设计专业的学生还要熟悉建筑设计规范、安全标准以及常用装修材料的性能、特点和应用范围。这有助于学生设计出既美观又实用，且符合安

全要求的设计方案。此外，了解室内设计施工的基本流程、施工工艺和技术要求，有助于学生在未来进入工作岗位后与设计团队、施工队伍有效沟通，确保设计方案的顺利实施。

（二）审美与创新能力

审美素养是设计师创作灵感的重要来源。教师应该带领学生欣赏和分析国内外优秀室内设计作品，提升学生的审美水平，培养学生对美的敏感度和鉴赏力。

创新思维是室内设计领域持续发展的关键。教师要鼓励学生突破传统思维框架，勇于尝试新材料、新技术和新工艺，探索独特的设计风格。面对设计过程中的各种挑战和问题，学生要能够运用所学知识，结合实际情况，提出切实可行的解决方案。这要求学生具备批判性思维、逻辑思维和创造性思维。

（三）沟通与协作能力

良好的沟通是设计项目成功的关键。学生要学会与客户、团队成员、供应商等多方进行有效沟通，准确传达设计理念，理解他人需求，协调各方利益。

团队协作精神是提升工作效率和设计质量的重要保障。在团队项目中，学生要能够积极参与、主动作出贡献，与团队成员相互支持、协作共赢。

项目管理能力是室内设计师职业发展的重要支撑。学生要了解项目管理的基本流程和方法，能够合理规划时间、资源和预算，确保按时按质完成设计项目。

（四）实践与实习经验

学生要通过参与校内外的实际设计项目，将所学知识应用于实践，积累宝贵经验。实践是检验知识掌握程度的有效途径，也是提升能力的重要方式。

教师应鼓励学生利用假期或课余时间到设计公司、建筑公司等机构实习，了解行业运作机制，熟悉设计流程，拓展人脉资源。实习经历有助于学生更好地适应未来职场。学生要积极参与国内外设计竞赛和展览，展示自己的设计作品，接受行业专家的评审和公众的评价。这不仅能提升学生的自信心，还能拓宽视野，了解行业前沿动态。

（五）职业道德与职业素养

职业道德是设计师职业生涯的基石。教师要培养学生的职业道德意识，使学生能够遵守行业规范，尊重客户权益，维护设计行业的良好形象。

职业素养是设计师赢得客户信任和尊重的重要因素。学生要注重个人形象、言谈举止和职业操守，培养良好的工作习惯和时间管理能力。

自我提升是设计师保持竞争力、实现职业发展的关键。教师要鼓励学生树立终身学习的理念，关注行业动态，不断更新知识结构和提升技能水平。

二、编制基于 AI 技术的室内设计能力培养计划

随着 AI 技术的飞速发展，其在室内设计领域的应用日益广泛，为设计师提供了前所未有的工具和资源，同时也给室内设计教育带来了新的挑战和机遇。为了培养满足未来行业需求的室内设计人才，我们有必要编制一套基于 AI 技术的室内设计能力培养计划。

（一）计划背景与目标

1. 背景分析

AI 技术正在深刻改变室内设计行业的工作方式。从智能设计软件、自动化绘图、材料选择优化，到基于大数据的用户行为分析、个性化设计推荐，AI 技术为设计师提供了强大的辅助工具，同时也要求设计师具备新的技能和知识。

2. 目标设定

本计划旨在培养具备以下能力的室内设计专业学生：熟练掌握 AI 技术在室内设计中的应用；能够利用 AI 工具提高设计效率和质量；具备利用 AI 技术进行创新设计的能力；了解 AI 技术对室内设计行业的影响，并具备适应行业变化的能力。

（二）课程体系构建

1. 基础理论与技能课程

（1）室内设计原理

介绍室内设计的基本概念、原则和方法，为后续课程打下坚实基础。

（2）AI 技术基础

讲解 AI 的基本原理、算法和应用领域，特别是与室内设计相关的部分。

（3）设计软件应用

包括传统设计软件（如 AutoCAD、SketchUp）和基于 AI 的设计软件（如使用 AI 辅助的绘图和渲染软件）。

2. AI 技术在室内设计中的应用课程

（1）智能空间规划

利用 AI 算法进行空间布局优化，提高空间利用率和用户体验。

（2）材料与色彩智能选择

通过 AI 技术分析材料性能和色彩搭配，为设计提供更科学的依据。

（3）用户行为分析与个性化设计

运用大数据和 AI 技术分析用户行为模式，实现个性化设计定制。

（4）智能照明与环境控制

学习如何利用 AI 技术进行智能照明设计、环境监控与调节。

3. 实践与项目课程

（1）AI 辅助设计项目

结合实际设计项目，运用所学 AI 技术进行空间规划、材料选择、设计渲染等。

（2）创新设计工作室

鼓励学生组成团队，利用 AI 技术进行创新设计实验，探索新的设计可能。

（3）行业实习与案例分析

与室内设计公司合作，让学生参与实际项目，了解 AI 技术在行业中的实际应用。

（三）教学方法与策略

通过课堂讲授、案例分析、实操演示等方式，确保学生既掌握理论知识，又能将其熟练应用于实践。定期组织工作坊和研讨会，邀请行业专家分享 AI 技术在室内设计中的最新应用案例。设计一系列基于 AI 技术的室内设计项目，让学生在完成项目的过程中学习和应用新知识。鼓励学生自主选择研究方向，进行探究式学习，培养解决问题的能力。

通过小组作业和团队项目，培养学生的沟通能力和团队协作精神。利用在线协作平台，促进师生、生生之间的实时交流与合作。引入 AI 辅助教学工具，如智能答疑系统、个性化学习推荐系统等，提高学习效率。

（四）评估与反馈机制

引入同伴评审和自我评价机制，鼓励学生相互学习，反思自己的学习过程。

通过课堂互动、在线问卷等方式，及时收集学生的反馈意见，了解教学效果。根据学生反馈和教学效果评估结果，定期调整教学内容和方法，确保教学质量。与室内设计行业协会和专业机构合作，组织学生参加行业认证考试，为学生提供权威的能力证明。邀请行业专家参与教学评估和学生作品评审，确保教学内容与行业需求紧密相连。

（五）资源与支持

组建具有 AI 技术背景和室内设计经验的教师团队，确保教学质量。定期组织教师培训和进修，更新教师的教学理念和知识体系。

建设先进的室内设计实验室，配备基于 AI 技术的设计软件和硬件设备。与 AI 技术提供商合作，获取最新的技术资源和支持。加入国际室内设计教育联盟，参与国际交流与合作，拓宽学生的国际视野。

三、构建多元化的学生能力评价体系

在室内设计教育领域，随着设计理念的不断更新和技术手段的日新月异，学生能力评价体系也须与时俱进，构建一个多元化、全面化的评价体系显得尤为重要。这一体系不仅应关注学生的专业技能掌握情况，还应对创新思维、实践能力、团队协作、跨文化交流等多方面能力进行评价，以培养适应未来社会需求的复合型人才。

（一）评价体系构建的原则

评价体系应覆盖学生能力的各个方面，包括专业知识、技能、态度、价值观等，确保评价的全面性和综合性。评价标准应明确、具体，可量化或可观察，减少主观臆断，提高评价的公正性和准确性。

评价应关注学生的成长过程，鼓励进步和改变，而非仅仅关注最终成果，体现评价的教育性和激励性。采用多种评价方法和工具，如自评、互评、师评、项目评价、实践评价等，确保评价的多样性和灵活性。鼓励学生参与评价过程，增强自我评价和反思能力，同时促进师生、生生之间的交流与互动。

（二）评价内容的多元化

1. 专业知识与技能

（1）理论知识

评价学生对室内设计基本原理、材料、工艺、历史与文化等知识的掌握程度。

（2）技术应用

考查学生运用新技术（如 VR/AR、AI 辅助设计）进行设计的能力。

2. 创新思维与问题解决

（1）创意构思

评价学生设计构思的新颖性、独特性和实用性。

（2）问题解决

考查学生面对设计挑战时的分析、推理和解决问题的能力。

（3）批判性思维

评估学生对设计方案进行批判性反思和改进的能力。

3. 实践与项目管理

（1）实践能力

通过实际项目或模拟项目，评价学生的设计实施、材料选择、施工监督等实践能力。

（2）项目管理

考查学生在时间管理、资源分配、团队协作等方面的项目管理能力。

（3）成果展示

评价学生设计作品的呈现方式，包括设计说明、图纸、模型或实物展示等。

4. 沟通与团队协作

（1）沟通能力

评估学生与客户、团队成员、教师等沟通的有效性。

（2）团队协作

考查学生在团队项目中的角色定位、贡献度、协作精神等。

（3）领导力

对于担任团队领导的学生，额外评价其领导能力和团队激励效果。

5. 跨文化与国际视野

（1）文化理解

评价学生对不同文化背景下设计风格的认知和理解能力。

（2）国际视野

考查学生对国际设计趋势、先进设计理念和技术的了解程度。

（3）外语能力

评价学生的外语沟通能力和跨文化交际能力。

（三）评价方法的多元化

通过检查观察记录、设计日志、项目进展报告等，评价学生在设计过程中的表现和学习态度。设立阶段性检查点，及时反馈，帮助学生调整学习方向。对学生的设计作品进行综合评价，包括创意性、实用性、美观性等方面。鼓励学生参加设计竞赛、展览，利用外部评价检验学生的设计水平。

引导学生进行自我反思,评价自己的学习成果并发现不足之处。通过小组互评,促进学生之间的相互学习和交流,培养批判性思维。教师根据学生的整体表现给予综合评价,提出具体改进建议。定期举行师生交流会,面对面分析评价结果,增强评价的针对性和有效性。对于实习或校外实践项目,邀请实践单位对学生的工作态度、专业技能、团队协作能力等进行评价。可将实践单位评价作为评价学生实践能力的重要参考依据。

(四)评价体系的实施与保障

根据评价内容和方法,制定具体、可操作的评价标准,确保评价的公正性和一致性。应定期修订评价标准,以适应行业发展和教育改革的需求。对教师进行多元化评价理念的培训,提高教师的评价能力。鼓励教师创新评价方法,不断探索适合室内设计专业的评价方式。

建立健全评价反馈机制,及时收集学生、教师和实践单位的反馈意见,不断优化评价体系。定期召开评价工作总结会,总结经验教训,推动评价体系的持续改进。将评价结果作为学生学业成绩、奖学金评定、毕业资格审核的重要依据。通过评价结果分析,发现教学过程中的问题和不足,为教学改革提供有力支撑。

四、定期评估学生能力,调整教学计划与策略

在室内设计教育领域,定期评估学生能力是确保教学质量、优化教学计划与策略的关键环节。随着设计理念的不断演进、技术手段的日新月异以及市场需求的快速变化,室内设计教育必须保持高度的灵活性和适应性,以培养具备创新思维、实践能力和跨文化交流能力的复合型人才。

(一)定期评估的重要性

定期评估能够及时了解学生对知识的掌握程度、技能的提升情况以及学习态度的变化,为教学提供反馈。通过评估,教师可以发现教学过程中的不

足和薄弱环节，如课程内容是否过时、教学方法是否单一、实践环节是否充足等，为教学改进提供依据。

评估结果有助于教师了解每个学生的优势和不足，从而编制个性化的教学计划和辅导策略，满足不同层次学生的需求。定期评估还能帮助教育机构及时捕捉行业发展的新趋势、新技术和新要求，确保教学内容与市场需求保持同步。

（二）评估内容与方法

1. 知识与技能评估

（1）理论知识测试

通过笔试、在线测试等形式，检查学生对室内设计基本原理、材料、工艺等理论知识的掌握情况。

（2）技能操作考核

通过实际操作、作品展示等方式，评估学生在设计软件操作、手绘表达、模型制作等方面的技能水平。

2. 创新思维与问题解决能力评估

（1）设计创意评价

通过设计竞赛、创意提案等形式，评价学生的创新思维和设计能力。

（2）案例分析报告

要求学生分析经典或前沿设计案例，提出自己的见解和解决方案，评估其问题解决能力。

3. 实践与项目管理能力评估

（1）实际项目参与

鼓励学生参与真实或模拟的室内设计项目，评估其项目规划、实施、管理等方面的能力。

（2）团队合作表现

通过小组项目，评估学生的团队协作能力、沟通能力和领导力。

4. 综合素质评估

（1）学习态度与习惯

通过观察、问卷调查等方式，了解学生的学习态度、时间管理能力和学习习惯。

（2）跨文化交流能力

通过国际交流、跨文化设计项目等，评估学生的外语能力和跨文化交际能力。

5. 多维度评估方法

（1）自评与互评

鼓励学生进行自我反思和相互评价，培养批判性思维和自我提升能力。

（2）教师评价

教师根据学生的整体表现给予综合评价，提出具体改进建议。

（3）实践单位反馈

对于实习或校外实践项目，邀请实践单位对学生的工作表现进行评价，提供基于行业视角的反馈。

（三）调整教学计划与策略的依据

针对学生在知识和技能方面的不足，增加或调整相关课程内容，确保知识体系的完整性和实用性。引入行业前沿知识和技术，更新课程内容，保持教学的时代性和前瞻性。根据学生的学习特点和需求，采用多样化的教学方法，如案例教学、项目驱动教学、翻转课堂等，提高教学效果。利用现代信息技术手段，如虚拟现实、增强现实等，为学生提供沉浸式学习环境，增强学习兴趣和效果。

增加实践教学的比重，为学生提供更多参与真实项目或模拟项目的机会，提升实践能力和项目管理能力。根据学生的评估结果和个性特点，编制个性化的教学计划和辅导策略，满足不同学生的需求。实行导师制或组建学习小组，为学生提供一对一或小组辅导，帮助他们解决学习中的困难和问题。

加强对学生学习态度、时间管理、团队合作等综合素质的培养，通过组织活动、讲座、工作坊等形式，提升学生的综合素质和能力。鼓励学生参与国际交流、跨文化设计项目等，拓宽国际视野，提升跨文化交流能力。

（四）实施与保障措施

编制详细的评估计划和时间表，确保评估工作的有序进行。建立评估结果反馈机制，及时将评估结果反馈给教师和学生，为教学改进提供依据。定期对教师进行培训，提升教师的评估能力和教学水平。鼓励教师参加行业交流和学习，了解行业最新动态和技术要求。

加强教学设施建设，给教师提供先进的教学设备和软件支持。丰富教学资源库，包括案例库、教材库、视频库等，为教学提供有力支撑。设立奖学金、优秀设计奖等激励机制，鼓励学生积极参与学习和实践活动。对在教学评估中表现优秀的教师和学生给予表彰和奖励，激发他们的积极性和创造力。定期对教学计划与策略进行回顾和评估，根据评估结果和行业发展需求进行持续改进和优化。建立教学质量监控体系，定期对教学质量进行监测和评估，确保教学质量的稳步提升。

第六章　室内设计软件的教学资源建设

第一节　教材编写与选用原则

一、明确室内设计教材的编写目标与定位

室内设计是一门综合性的应用学科，其教材不仅关乎向学生传授知识与技能，还涉及对学生创新思维、实践能力以及职业素养的全面培育。因此，明确室内设计教材的编写目标与定位，是确保教材内容科学、系统、实用，并能够有效满足教学需求与行业发展要求的关键。

（一）理论基础与知识体系构建

编写室内设计教材的首要目标是为学生提供丰富且实用的理论知识，包括但不限于设计原理、色彩学、人体工程学、材料与构造、环境心理学等核心知识。这些基础知识是设计师进行创意构思、空间规划、材料选择等工作的基石，也是学生在未来职业生涯中持续学习与发展的起点。

教材应包含一个层次分明、逻辑清晰的知识体系，将室内设计的相关知识按照其内在逻辑和学习规律组织起来，确保学生在学习的过程中能够循序渐进，逐步深入。同时，应注重知识的交叉融合，引导学生理解室内设计各要素之间的相互关系，形成全面的设计思维。

（二）技能培养与实践导向

室内设计教材应有助于对学生实际操作能力的培养，包括手绘与电脑辅助设计技能、空间布局与规划能力、使用材料与施工工艺的能力等。通过讲解具体的操作步骤和技巧以及分析实践案例，帮助学生将理论知识转化为实际的设计能力。

组织学生参与实际项目的设计与实践，是室内设计教育不可或缺的一环。教材应包含相应的实践环节，如课程设计、项目实训、工地参观等，让学生在实践中发现问题、解决问题，从而加深对专业知识的理解，提升设计实践能力。

（三）创新思维与审美素养

室内设计教材应有助于培养学生的创新思维，使学生不惧打破常规，勇于尝试新的设计理念、材料和技术。教材编写团队应通过设置开放性的设计任务、引入前沿的设计案例、分析不同设计风格与流派，激发学生的创造力和想象力，培养其独立思考和解决问题的能力。

审美是室内设计的灵魂。教材编写团队应在教材中介绍中外室内设计史、分析经典设计案例、探讨设计美学原理等，提升学生的审美水平和艺术鉴赏能力，同时，引导学生理解并尊重多元文化背景下的审美差异，培养其国际化的设计视野。

（四）职业素养与伦理道德

室内设计教材应有助于学生的职业素养培养，包括沟通协调能力、团队合作精神、时间管理能力等。通过模拟职场情境、介绍行业规范与标准、分享设计师的职业发展路径，帮助学生提前适应职场环境，为未来的职业生涯做好准备。

在设计教育中融入伦理道德教育，是室内设计教材编写中不可忽视的一环。教材应有助于引导学生树立正确的价值观、尊重用户隐私、关注环境可持续性、遵守行业规范与法律法规，培养其成为有责任感、有担当的设计师。

（五）适应行业发展趋势，具备国际化视野

室内设计行业日新月异，新材料、新技术、新理念层出不穷。教材编写团队应密切关注行业动态，及时更新教材内容，引入最新的设计案例和技术成果，确保学生所学与行业需求保持同步。

在全球化背景下，室内设计教材编写团队应使教材体现国际视野，在教材中介绍不同国家和地区的室内设计风格、文化特色、设计理念等，鼓励学生学习和借鉴国际先进经验，同时培养其跨文化交流与合作的能力。

（六）灵活性与多样性

室内设计教材的编写应注重灵活性，既要有统一的标准和要求，又要考虑到不同地区、不同学校、不同学生的实际情况，为教师和学生提供足够的空间进行个性化的教学和学习。

教材的形式和内容应多样化，除了传统的纸质教材外，还可以利用数字媒体、网络资源等现代技术手段开发电子教材、在线课程、虚拟仿真实验等，以满足学生多样化的学习需求。

二、教材内容选择与组织的原则

室内设计教材的编写是一项复杂而细致的工作，教材不仅要内容准确、全面，还必须考虑学生的学习规律、行业的发展趋势以及教育教学的目标。为了确保室内设计教材的质量与效果，必须制定科学合理的教材内容选择与组织原则。

（一）内容选择的原则

首先，室内设计教材的内容必须确保科学性，即所选取的知识、理论、技术和方法都应经过严格验证，符合科学原理和行业规范。教材应避免传播错误或过时的信息，确保学生学到的是准确、可靠的知识。其次，实用性是室内设计教材的重要特征。教材内容应紧密贴合室内设计行业的实际需求，

介绍的设计方法、技巧和材料应具有可操作性，能够直接应用于实际设计项目中。最后，教材还应有助于学生的职业发展，提供能够促进学生提升职业素养和就业竞争力的内容。

（二）内容组织的原则

室内设计教材的内容组织应具有系统性，按照知识的逻辑顺序和学生的学习规律编排内容。教材各章节之间应具有明确的内在联系，包含完整的知识体系，使学生能够循序渐进地学习和掌握室内设计的相关知识。

应根据学生的认知水平和学习能力对教材内容进行分层设计。基础部分应介绍室内设计的基本概念和原理，进阶部分则深入探讨设计技巧和方法，高级部分则涉及创新设计和综合应用。通过层次分明的内容组织，满足不同层次学生的学习需求。模块化是室内设计教材内容组织的一种有效方式。可以将教材中的相关知识、技能和实践任务组合成若干个模块，每个模块相对独立又相互联系。这种组织方式既便于学生进行选择性学习，又便于教师根据教学需要进行灵活组合和调整。

室内设计是一门实践性很强的学科，教材内容应充分体现实践性的特点。教材应包含大量的实践环节，如案例分析、设计练习、项目实训等，让学生在实践中学习和掌握设计技能，提升实际操作能力。除了基础知识和基本技能外，教材还应具有一定的拓展性，为学生提供进一步学习和探索的空间。教材可以包含一些拓展性的知识、技术或设计理念，方便学生进行自主学习和研究；也可以在教材中设置一些拓展性的设计任务或项目，让学生在实际操作中深化对知识的理解。

教材应该包含一些促进学生互动的内容，编写团队可以设计一些互动环节，如问题讨论、小组讨论、在线交流等，鼓励学生积极参与，促进师生之间、学生之间的交流和合作。同时，还可以利用数字媒体和网络资源，提供丰富的互动学习材料和工具。教材的编写应注重语言的准确性和表达的清晰性，确保学生能够轻松理解和掌握教材内容。应使用通俗易懂的语言和生动的表达方式编写教材，避免过于晦涩或复杂的表述。同时，教材的版面设计和排版应具备美观性，这样有利于提高学生的阅读兴趣，优化阅读体验。

三、确立室内设计优秀教材的选用标准与流程

在室内设计教育领域，选用优秀的教材是确保教学质量、提升学生专业素养的关键。在优秀的教材的辅助下，教师不仅能够系统地传授知识，培养学生的设计技能，还能激发他们的创新思维，引导他们形成正确的价值观和职业观。因此，确立一套科学合理的室内设计优秀教材选用标准与流程，对于提升整体教学水平、促进学生全面发展具有重要意义。

（一）室内设计优秀教材的选用标准

1. 内容质量

（1）准确性

教材所载内容必须准确无误，符合室内设计领域的科学原理和行业规范，避免传播错误信息。

（2）全面性

教材应涵盖室内设计的各个核心领域，包括设计原理、空间规划、材料选择、施工工艺、环境心理学等，形成完整的知识体系。

（3）前沿性

教材应能够及时反映室内设计行业的最新动态，包括新材料、新技术、新设计理念，保持时代感和前瞻性。

（4）深度与广度

既要有深入的理论分析，又要有广泛的实际案例，理论与实践相结合，增强学生的理解和应用能力。

2. 教学适用性

（1）结构清晰

教材章节划分合理，逻辑清晰，便于学生循序渐进地学习。

（2）易于理解

语言表述通俗易懂，图表、图片等辅助材料丰富，有助于学生快速掌握知识点。

（3）实践导向

具有足够的实践环节，如设计任务、案例分析、项目实训等，提升学生的实际操作能力。

（4）互动性

鼓励师生互动、生生互动，提供讨论、合作、分享的机会，增强学习的参与感和趣味性。

3. 创新与启发性

（1）创新思维

鼓励学生打破常规，尝试新的设计思路和方法，培养他们的创新意识和创新能力。

（2）批判性思维

引导学生对设计案例进行批判性分析，理解设计背后的逻辑和理念，提升他们的审美和评判能力。

（3）启发性问题

设置开放性问题，激发学生的好奇心和探索欲，促进深度学习。

4. 文化与伦理

（1）文化多样性

介绍不同地域、不同文化的室内设计风格，增强学生的文化敏感性，培养国际视野。

（2）伦理道德

强调设计的伦理责任，如环保、可持续性、用户隐私等，培养学生的职业道德和社会责任感。

5. 技术与媒介

（1）数字化资源

提供丰富的数字化教学资源，如电子书、视频教程、在线模拟软件等，满足学生多样化的学习需求。

（2）可访问性

教材应便于获取和使用，无论是纸质版还是电子版，都应考虑学生的阅读习惯和条件。

（二）室内设计优秀教材的选用流程

1. 需求调研

（1）教师调研

了解教师的教学需求和偏好，收集他们对现有教材的反馈。

（2）学生调研

了解学生的学习需求和兴趣点，以及他们对教材内容和形式的期望。

（3）行业调研

关注室内设计行业的最新动态和趋势，确保选用的教材与行业需求保持同步。

2. 教材筛选

（1）建立评价小组

由专业教师、行业专家和教育专家组成评价小组，负责教材的筛选和评价工作。

（2）初步筛选

根据教材的内容质量、教学适用性、创新与启发性、文化与伦理、技术与媒介等标准，对市场上的教材进行初步筛选。

（3）深入评估

对初步筛选出的教材进行深入评估，包括内容审查、试用反馈、专家评审等，确保教材的质量和适用性。

3.教材试用

（1）小范围试用

在部分班级或课程中试用选定的教材，收集师生的反馈意见。

（2）调整优化

根据试用反馈，对教材进行必要的调整和优化，确保其更加符合教学需求和学生特点。

4.正式选用

（1）决策机制

建立教材选用的决策机制，如设立教材选用委员会或召开教务会议，对试用后的教材进行最终决策。

（2）签订协议

与教材出版商或作者签订正式的选用协议，明确双方的权利和义务。

（3）推广使用

将选用的教材推广到学校的相关专业和课程中，确保学生能够接触到优质的教材资源。

5.持续评估与更新

（1）定期评估

建立教材使用情况的定期评估机制，收集师生的反馈意见，对教材的使用效果进行评估。

（2）更新替换

根据评估结果和行业发展情况，对教材进行更新或替换，确保教材始终保持前沿性和适用性。

6.建立教材库

（1）教材归档

将选用的教材及其相关资料进行归档管理，建立教材库，便于师生查阅和使用。

（2）资源共享

利用教材库实现教材资源的共享和交流，促进不同专业和课程之间的融合与协作。

四、设定教材更新与修订的周期

随着室内设计行业的快速发展，新技术、新材料、新理念不断涌现，要不断更新与修订室内设计教材的内容，以确保其准确性、时代性和实用性。设定一个科学合理的教材更新与修订周期，对于提升教学质量、培养符合行业需求的专业人才具有重要意义。

（一）教材更新与修订的必要性

室内设计教材涉及大量的专业知识、技术标准和行业规范，这些内容会随着行业的发展和研究的深入发生变化。定期更新与修订教材，可以确保所传授的知识准确无误，避免误导学生。定期更新与修订教材，可以及时将行业内最新动态和研究成果引入教材，使学生能够了解并掌握行业前沿知识，增强他们的就业竞争力。

随着教育理念的更新和教学方法的改进，应该对室内设计教材进行相应的调整。例如，增加实践环节、引入互动式教学、强调批判性思维和创新能力等。不同学生具有不同的学习背景、兴趣和需求，通过更新与修订教材，可以满足学生的个性化需求，提升他们的学习积极性和效果。

（二）教材更新与修订的周期设定

设定教材更新与修订的周期要考虑多个因素，包括行业的发展速度、教学内容的稳定性、教学需求的变化等。根据行业发展的速度，可以每三到五年对教材进行一次大规模的更新与修订，这样既可以确保教材内容的前沿性，又不会因为过于频繁的更新而增加编写和出版成本。

室内设计教材中的一些基础知识和理论是相对稳定的，如设计原理、空间规划、色彩搭配等。这些内容可以在较长的时间内保持不变。因此，在设定教材更新与修订的周期时，可以考虑将这些内容的更新与修订周期进行适当的延长。

教材编写与出版需要大量的人力、物力和财力。因此，在设定教材更新与修订的周期时，还要考虑这些实际情况。建议与教材编写团队和出版社进行充分沟通，确保周期设定的合理性和可行性。

（三）教材更新与修订的具体步骤

教材更新与修订是一个系统而复杂的过程，要遵循一定的步骤和方法。

在更新和修订教材之前，要进行需求调研与分析。了解行业发展的最新动态、教学需求的变化以及学生的反馈意见等，为教材的更新与修订提供有力的依据。根据需求调研与分析的结果，确定教材更新与修订的目标和内容。明确要更新或修订的知识点、章节或案例等，并编制详细的更新与修订计划。组建一支由行业专家、教育专家和一线教师组成的编写团队，负责教材的更新与修订工作。编写团队应具备丰富的专业知识和实践经验，为更新与修订后的教材质量提供保障。

编写团队要按照更新与修订计划开展教材的更新与修订工作。在更新与修订过程中，要注重内容的准确性、时效性和实用性，同时确保语言表述清晰易懂。更新与修订完成后，还要进行严格的审校工作，确保教材内容的质量。要在部分班级或课程中对更新与修订后的教材进行试用，并收集师生的反馈意见。根据反馈意见对教材进行进一步的修改和完善，确保其更加符合教学需求和学生特点。经过试用和修改后，教材可以正式出版并应用到学校的相关专业和课程中。同时，还可以利用数字化手段将教材内容转化为电子书、在线课程等形式，扩大教材的影响力和使用范围。

（四）教材更新与修订的保障措施

将教材更新与修订纳入学校的教学管理体系中，建立长效机制。明确教材更新与修订的周期、流程、责任人和考核标准等，确保工作的有序开展。

重视教材编写团队的建设和培养，提高其专业素质和编写能力。鼓励编写团队成员参加学术交流、行业培训等活动，不断拓宽视野和更新知识。

加大对教材更新与修订工作的投入与支持力度，包括资金、设备、场地等方面。同时，还可以寻求行业企业、社会团体等外部力量的支持和合作，共同推动教材更新与修订工作的顺利开展。

建立教材评价与反馈机制，定期对教材的使用效果进行评估和反馈。根据评估结果及时调整教材更新与修订的策略和内容，确保教材始终符合教学需求和学生特点。

第二节 在线教学平台与资源库的建设

一、选择合适的室内设计教学平台并进行搭建

在数字化时代，室内设计教育形式正逐步从传统的教室教学模式向线上线下融合的教学模式转变。选择一个合适的室内设计教学平台，并进行有效的搭建，不仅能够提升教学效率，还能激发学生的学习兴趣，培养他们的创新思维和实践能力。

（一）选择室内设计教学平台的原则

平台应具备丰富的教学功能，如课程管理、资源管理、在线交流、作业提交与批改、考试与测评等，以满足室内设计教学的多元化需求。平台界面应简洁明了，操作便捷，降低师生的学习成本。

平台应具备良好的稳定性和可靠性，能够应对大量用户同时在线使用的情况，确保教学活动的顺利进行。支持多种形式的互动，如实时讨论、小组合作、在线问答等，增强学生的参与感和合作能力。平台应具备一定的可扩展性，能够根据教学需求进行定制开发或集成第三方应用，以满足未来发展

的需要。平台必须确保用户数据的安全和隐私保护，采取有效的安全措施防范网络攻击和数据泄露。平台应支持多种设备和操作系统，如PC、手机、平板等，便于师生在不同场景下使用。

（二）室内设计教学平台的类型及特点

1. 综合型教学平台

如Moodle、Blackboard等，这类平台功能全面，涵盖课程管理、资源管理、在线交流等多个方面，适用于大型教育机构或需要高度定制化的教学场景。但可能存在操作复杂、学习成本高等问题。

2. 专业型教学平台

如SketchUp、AutoCAD等室内设计专业软件附带的在线教育功能，这类平台与室内设计教学紧密相关，能够提供专业的设计工具和学习资源。但软件本身的功能和兼容性可能成为限制教学的因素。

3. 社交型教学平台

如微信、钉钉等，这类平台以社交为基础，便于师生之间的即时沟通和协作。但可能需要额外开发或集成教学功能。

4. 开源型教学平台

如Edx、Open edX等，这类平台开源免费，可根据需求进行定制开发，灵活性较高。但需要一定的技术支持和维护成本。

（三）室内设计教学平台的建设步骤

1. 需求分析与规划

明确教学目标、教学内容、教学方式等，根据需求选择合适的平台类型和功能模块。编制详细的建设计划和预算，确保建设工作的顺利进行。

2. 平台选择与评估

根据上文提到的选择原则，对市场上的室内设计教学平台进行筛选和评估。可以通过试用、查看用户评价、咨询专家意见等方式，选择最适合本校需求的平台。

3. 平台建设与配置

（1）基础建设

根据平台提供的文档或教程，进行基础的安装和配置工作，如服务器部署、域名绑定、数据库连接等。

（2）功能配置

根据教学需求配置平台的功能模块，如课程管理、资源管理、用户管理、在线交流等。给予师生相应的权限，确保平台的安全性和易用性。

（3）界面定制

根据学校的品牌形象和教学风格，对平台的界面进行定制开发，如修改主题、添加学校标识、调整布局等。

（4）内容填充

将教学资源、课程信息、教师介绍等内容上传到平台中，丰富平台的内容库。

4. 测试与优化

（1）功能测试

对平台的各项功能进行逐一测试，确保能够正常使用且效果符合预期。

（2）性能测试

模拟大量用户同时在线使用的场景，测试平台的稳定性和响应速度。

（3）用户体验测试

邀请部分师生进行试用，收集他们的反馈意见，对平台进行优化和改进。

5. 培训与推广

（1）教师培训

组织教师进行平台使用的培训，让他们熟悉平台的各项功能和操作方法。

（2）学生引导

通过新生入学教育、课程介绍等方式，引导学生学会使用平台。

（3）宣传推广

利用学校官网、社交媒体等渠道，对平台进行宣传推广，提高平台的知名度和使用率。

6. 持续维护与更新

建立平台维护和更新的长效机制,定期对平台进行安全检查、数据备份、功能升级等工作。根据教学需求和技术发展,不断优化和拓展平台的功能和应用场景。

二、规划室内设计教学资源库的结构与分类体系

在当今数字化教育时代,建设完备的教学资源库对于提升教学质量、促进资源共享、增强师生互动具有重要意义。一个结构合理、分类清晰的室内设计教学资源库,不仅能够帮助学生系统地学习室内设计知识,还能为教师提供丰富的教学素材和工具。

(一)室内设计教学资源库的建设目标

1. 资源共享

通过资源库,实现教学资源的共享,避免资源的重复建设,提高资源的利用效率。

2. 系统学习

为学生提供系统、全面的室内设计学习资源,帮助他们构建完整的知识体系。

3. 互动教学

促进师生之间的互动交流,优化教学效果和学习体验。

4 持续更新

确保资源库的持续更新,紧跟室内设计行业的发展趋势和最新技术。

(二)室内设计教学资源库的结构规划

1. 总体框架

(1)顶层

资源库的总入口,提供资源库的导航和概述。

（2）中间层

按照不同的分类体系，将资源归入不同的模块或子库。

（3）底层

具体的资源内容，包括课程资料、案例库、素材库、工具库等。

2. 模块划分

（1）课程资料库

包含室内设计相关课程的教材、教案、PPT、视频等教学资源。

（2）案例库

收集国内外优秀的室内设计案例，包括住宅、商业、公共空间等不同类型的项目。

（3）素材库

提供室内设计所需的各类素材，如家具、灯具、装饰材料等。

（4）工具库

包含室内设计常用的软件和工具，如 AutoCAD、SketchUp、3Ds Max、Photoshop 等。

（5）交流互动区

供师生交流、讨论、分享。

（三）室内设计教学资源库的分类体系

1. 按照教学内容分类

（1）基础理论知识

包括室内设计的基本原理、风格流派、色彩搭配、材料运用等。

（2）设计技能

涵盖手绘技巧、软件操作、三维建模、效果图渲染、施工图绘制等。

（3）实践案例

收集实际设计项目案例，分析设计思路、过程、成果。

（4）行业动态

发布室内设计行业的最新动态、发展趋势、政策法规等。

2. 按照资源形式分类

（1）文本资源

教材、教案、论文、报告等。

（2）图像资源

手绘稿、效果图、施工图、实景照片等。

（3）视频资源

教学视频、设计过程演示视频、行业讲座视频等。

（4）软件资源

室内设计相关软件的安装包、插件、教程等。

（5）互动资源

在线测试、虚拟实验室、设计竞赛等。

3. 按照用户角色分类

（1）学生资源

提供适合学生用来进行自主学习的资源，如基础理论知识、设计技能、案例分析等。

（2）教师资源

为教师提供教学资源，如课程资料、教学视频、案例库等，以及教学管理工具。

（3）行业资源

面向室内设计行业从业人员，提供行业资讯、前沿技术、优秀案例等。

三、收集、整理并上传优质室内设计教学资源

在室内设计教育领域，优质教学资源的收集、整理与上传是构建完备教学资源库的关键步骤。这一过程不仅要求资源具有丰富性、多样性和时效性，还强调资源的系统性、易用性和版权合规性。

(一)资源收集的渠道与策略

1. 官方渠道

(1)教育机构与出版社

许多高等教育机构和专业出版社都会发布官方的室内设计教材、课件和案例集,这些资源通常具有权威性和准确性。

(2)行业协会与展会

如国际室内设计师联合会(IFI)、中国室内装饰协会等,以及各类室内设计展会,都会提供最新的行业动态、设计理念和案例分享。

2. 在线平台

(1)专业网站与论坛

ArchDaily,Behance,Pinterest 等,这些平台汇聚了大量室内设计师的作品、教程和灵感。

(2)开放教育资源库

Coursera,edX 和中国大学 MOOC,等等,提供了丰富的在线课程和教学资源。

3. 个人与工作室

(1)知名设计师

关注国内外知名室内设计师的微博等社交媒体账号,他们经常分享自己的设计理念、项目案例和教学心得。

(2)设计工作室

许多设计工作室会发布自己的项目案例、设计流程和教学视频,这些资源往往具有实战性和创新性。

4. 学术交流与研讨会

参加室内设计相关的学术会议、研讨会和工作坊,不仅可以了解最新的研究成果和教学理念,还能与同行交流,拓宽资源获取渠道。

（二）资源的整理与分类

1. 初步筛选

根据教学目标和课程大纲，对收集到的资源进行初步筛选，剔除与室内设计教学无关或质量不高的资源。

2. 分类归档

按照资源的类型（如文本、图片、视频、软件等）和主题（如基础理论、设计技能、实践案例等）对资源进行分类归档。可以采用层级目录结构或标签系统来组织资源，便于后续检索。

3. 质量评估

对资源的准确性、时效性、实用性和创新性进行评估，确保上传的资源都是高质量的。

4. 版权审核

确保所有资源都符合版权法规，对于要得到授权的资源，及时联系版权所有者获取使用许可。

（三）资源的上传与分享

1. 选择合适的平台

根据资源的类型和用途，选择合适的上传平台，如学校内部的资源管理系统、专业的在线教育平台或社交媒体等。

2. 优化资源格式

根据平台的要求和用户的习惯，对资源进行适当的格式转换和优化，如将 pdf 文档转换为可编辑的 word 文档，将高清图片压缩为适合网络传输的格式，等等。

3. 编写资源描述

为每个资源编写详细的描述，包括资源的名称、类型、来源、用途、使用方法等，便于用户快速了解和使用资源。

4. 设置访问权限

根据资源的敏感性和使用范围设置适当的访问权限，如公开分享、仅限注册用户访问或仅供特定课程使用等。

5. 定期更新与维护

定期检查和更新资源库中的资源，确保资源的时效性和准确性。及时删除或替换过时或不再适用的资源。

第三节 师生互动与社区交流平台

一、建立师生互动平台，促进教学相长

在当今信息化快速发展的时代，教育领域正经历着深刻的变革。室内设计是一门实践与理论并重、创意与技术交融的学科，教育工作者必须紧跟时代步伐，探索新的教学模式。建立室内设计专业师生互动平台，能够通过数字化手段加强师生之间、学生之间以及师生与行业之间的交流与合作，实现教学资源的共享、学习过程的互动和设计能力的提升，从而促进教学相长，培养出更多具有创新思维和实践能力的室内设计人才。

（一）室内设计教育的现状与挑战

室内设计教育不仅要求学生掌握扎实的理论基础，如设计原理、色彩搭配、材料选择等，还强调具备实践操作能力和创新思维。然而，传统的教学模式往往面临以下挑战：

1. 教学资源分配不均

优质的教育资源，如知名设计师的讲座、实地考察等，往往受限于地域、时间等因素，难以广泛惠及所有学生。

2. 理论与实践脱节

理论教学与实践操作之间缺乏有效的衔接机制，导致学生难以将所学知识应用于实际项目。

3. 互动交流不足

传统课堂模式下，师生互动多为一问一答的形式，缺乏深度交流和即时反馈，不利于激发学生的主动性和创造性。

4. 评价体系单一

将考试成绩作为唯一的评价标准，忽视了对学生综合素质和创新能力的评估。

（二）师生互动平台构建的必要性

针对上述问题，构建室内设计专业师生互动平台显得尤为必要。该平台应集教学资源共享、在线互动交流、项目实践合作、多元化评价于一体，为室内设计教育提供全方位的支持。

1. 促进资源均衡分配

平台可以整合全球范围内的优质教学资源，如设计案例、专家讲座、设计软件教程等，让每个学生都能享受到高质量的教育资源。

2. 加强理论与实践的结合

平台可以设立虚拟设计工作室，让学生在模拟的环境中进行实践操作，同时提供即时反馈和指导，有效缩短理论与实践之间的距离。

3. 增强互动交流

通过论坛、在线讨论、小组合作等功能，鼓励学生积极参与互动交流，提出问题和见解，促进师生、生生之间的深度交流和思想碰撞。

4. 实现多元化评价

平台可以记录学生的学习过程、作品展示、团队合作等多维度信息，为综合评价学生的能力提供丰富的数据支持。

（三）平台功能设计

1. 教学资源库

收集并分类整理国内外优秀的室内设计案例、设计理念、技术文档、视频教程等，供学生自主学习和参考。同时，鼓励教师和学生上传自己的设计作品和心得体会，形成资源共享的良性循环。

2. 在线互动区

（1）论坛

设立不同主题的讨论区，如设计理论探讨、设计技巧分享、行业动态交流等，鼓励学生发帖提问，教师和其他学生回帖解答，营造活跃的学术氛围。

（2）即时通信

提供一对一或多人在线聊天渠道，便于师生之间进行即时沟通和问题解决。

（3）小组合作

支持学生组建项目小组，在线协作完成设计任务，平台提供项目管理工具，如任务分配工具、进度跟踪工具、文件共享工具等。

（4）虚拟设计工作室

利用虚拟现实和增强现实技术，创建虚拟的设计环境，学生可以在其中进行空间布局、材料选择、灯光设计等实践操作，体验真实的设计流程。平台应提供丰富的素材库和工具集，以及智能化的设计辅助系统，帮助学生快速掌握设计技能。

3. 项目实践与合作

（1）校企合作

平台与室内设计公司、建筑公司等建立合作关系，发布真实的设计项目，让学生参与投标、设计、施工等全过程，使学生丰富实践经验，提升职业素养。

（2）竞赛活动

定期举办线上设计竞赛，邀请行业专家担任评委，提升学生的设计水平和竞争意识，同时为优秀学生提供展示才华的舞台。

4. 多元化评价体系

（1）过程评价

记录学生的学习轨迹、参与度、贡献度等数据，作为评价学生学习态度和能力的重要依据。

（2）作品评价

鼓励学生上传设计作品，采用同伴评价、教师评价、行业专家评价相结合的方式，给出全面、客观的反馈。

（3）自我评价

引导学生反思学习过程，评价自己的设计能力和成长情况，培养自我认知和自我管理的能力。

（四）平台使用与保障措施

1. 技术支持与维护

建立专业的技术团队，负责平台的开发、维护和升级，确保平台的稳定运行和用户体验。

2. 师资培训

对教师进行信息技术应用、在线教学方法、平台操作等方面的培训，提升教师的信息化教学能力。

3. 激励机制

设立积分、勋章、奖学金等激励机制，鼓励学生积极参与平台活动，优质内容创作者可获得额外奖励，激发师生的积极性。

4. 安全保障

加强平台的数据安全和隐私保护工作，确保用户信息不被泄露，营造安全、可信的学习环境。

二、搭建室内设计的社区交流平台，鼓励学生分享经验

在室内设计领域，知识与经验的交流是推动创新、提升设计水平的关键。随着互联网的普及和社交媒体的兴起，搭建一个专属于室内设计的社区交流平台，不仅能够促进学生之间的知识共享，还能加强师生、行业专家及爱好者之间的互动，形成一个充满活力的学习生态系统。

（一）室内设计社区交流平台的重要性

室内设计涉及广泛的知识领域，从设计理论到材料应用，从色彩搭配到空间规划，每一项都需要深入学习和实践。社区平台为这些知识的共享提供了便捷渠道，使新手能够快速吸收前辈的经验。不同的设计师聚集在一起，通过分享和交流，能够碰撞出新的设计灵感和创意，促进设计风格的创新和多样化。

对于室内设计专业的学生而言，搭建和拓展行业人脉至关重要。社区平台为他们提供了与未来雇主、合作伙伴或导师建立联系的机会。通过参与项目讨论、案例分析等，学生可以在实践中学习，将理论知识转化为解决实际问题的能力。

（二）平台构建的基本原则

1. 用户友好性

平台界面应简洁直观，易于操作，确保所有用户都能快速上手。

2. 互动性

提供多种交流方式，如论坛、即时通信、评论区等，鼓励用户之间的互动。

3. 内容多样性

涵盖室内设计各个方面的内容，包括但不限于设计案例、技术教程、行业动态、设计理论等。

4. 安全性与隐私保护

确保用户数据的安全，尊重用户的隐私，建立严格的社区规则，防止恶意行为。

5. 可持续性与更新

平台须定期更新内容，引入新功能，保持社区的活跃度和吸引力。

（三）鼓励学生分享经验的策略

为分享高质量内容的学生提供积分，积分可用于兑换实物奖品、课程优惠券或社区特权。设立"最佳分享者""月度之星"等荣誉称号，增强学生的成就感和归属感。定期举办设计比赛，鼓励学生围绕特定主题提交作品，优秀作品可获得展示机会，作者可获得奖励。邀请行业专家或资深设计师举办线上讲座，分享他们的设计经验和职业发展心得，同时鼓励学生提问和分享自己的见解。

鼓励学生根据兴趣或项目需求组建学习小组，通过小组讨论、协作设计等方式，加深彼此间的了解，加强合作，同时促进知识的共享。对于想要分享但缺乏技术支持的学生，平台可提供简单的内容创作工具，如视频编辑软件、图文排版模板等。设立"新手帮助区"，由经验丰富的用户或管理员提供技术支持和答疑解惑。

三、组织线上线下室内设计交流活动与竞赛

在室内设计领域，组织线上线下的交流活动与竞赛是促进学生专业技能提升、发展学生创新思维能力、加强行业内外联系的重要手段。这样的活动不仅能够为学生提供一个展示自我、相互学习的平台，还能促进教育资源的优化配置，推动室内设计行业的整体进步。

（一）策划准备阶段

活动的首要目标是提升学生的设计能力和实践能力，同时也要考虑促进学术交流、行业合作和文化传承等多重目标。根据目标受众（如在校学生、专业设计师、行业爱好者等）和室内设计领域的发展趋势，确定活动的主题、规模和形式。

整合学校、行业、政府等多方资源，包括资金、场地、设备、专家讲师等。组建由策划、执行、宣传、技术支持等多部门组成的团队，确保活动顺利筹备和执行。

（二）活动设计阶段

结合室内设计的前沿趋势、热点问题或特定设计风格，设定具有吸引力和挑战性的主题。围绕主题设置多个议题，如设计理论探讨、设计案例分析、

设计技能分享等，确保活动内容的丰富性和深度。

设计清晰的活动流程，包括活动宣传、报名、作品提交、评审、结果公布、颁奖典礼等环节。合理安排活动时间，确保各个环节的顺利进行，同时考虑参与者的时间安排，提高活动的参与度。邀请行业内的知名设计师、学者、教育家作为嘉宾或主讲人，提升活动的专业性和影响力。组建由行业专家、学者和教师组成的评审团，确保评审过程的公正性和专业性。

（三）执行管理阶段

利用社交媒体、专业网站等平台搭建活动专属页面，提供在线报名、作品提交、在线交流等渠道。根据活动需求布置线下场地，如讲座室、工作坊区域、展览区等，确保活动的顺利进行。利用社交媒体、行业媒体、学校官网等进行多渠道的活动宣传，提高活动的知名度和参与度。设计吸引人的宣传海报、视频等素材，利用创意营销手段吸引更多人的关注。

编制详细的执行计划，明确各个环节的责任人和时间节点。对活动现场进行实时监控，确保活动的顺利进行和参与者的安全。针对可能出现的突发情况，如技术故障、安全问题等，制定应急预案。建立反馈渠道，收集参与者的意见和建议，为活动的改进提供依据。

四、制定室内设计交流平台的管理规则与激励机制

在室内设计领域，一个高效、活跃且富有创新活力的交流平台对于促进设计师之间的合作、分享和互相学习至关重要。为了确保这样的平台能够持续、健康地发展，必须制定一套合理的管理规则和激励机制。

（一）管理规则制定

1. 用户注册与身份验证

（1）实名认证

要求所有用户在进行注册时提供真实姓名、联系方式等基本信息，并进行身份验证，以确保平台用户信息的真实性。

（2）账号管理

用户须对自己的账号负责，不得转让账号，不得借用或盗用他人账号，平台有权对违规账号进行封禁处理。

2. 内容发布规范

（1）原创性要求

鼓励用户发布原创的室内设计作品、设计理念、技术文章等，禁止抄袭、剽窃他人作品。

（2）内容审核

建立内容审核机制，对用户发布的内容进行审查，确保内容符合法律法规、平台规定和道德标准。

（3）版权保护

尊重用户的知识产权，对于侵犯他人版权的行为，依法追究责任。

3. 交流互动准则

（1）文明交流

倡导用户文明交流，禁止使用侮辱性、攻击性、歧视性语言，维护平台和谐的交流氛围。

（2）专业讨论

鼓励用户围绕室内设计展开专业讨论，分享经验、技巧和见解，增强平台的专业性。

（3）隐私保护

尊重用户的隐私，不得在平台上泄露他人的个人信息或隐私内容。

4. 违规处理机制

（1）警告与处罚

对于违反平台规定的行为，平台将采取警告、限制功能、封禁账号等处罚措施。

（2）举报与申诉

建立举报机制，鼓励用户举报违规行为；同时，为用户提供申诉渠道，确保处理过程的公正性。

（二）激励机制设计

1. 积分与等级制度

（1）积分获取

用户通过发布原创内容、参与讨论、点赞评论等行为获得积分，积分可用于兑换平台资源、提升等级等。

（2）等级晋升

根据用户的积分和活跃度，设置不同的等级，等级越高，享受的平台特权越多，如优先推荐作品、参与平台活动等。

2. 优秀作品奖励

（1）作品评选

定期举办优秀作品评选活动，由平台用户或专业评委评选出优秀作品，并给予奖励。

（2）奖励形式

奖励形式可以包括物质奖励（如奖金、礼品等）、精神奖励（如荣誉证书、平台表彰等）以及平台资源的倾斜（如作品推荐、展览机会等）。

3. 贡献度认可

（1）贡献度评估

根据用户在平台上的活跃度、贡献度（如发布内容数量和质量、参与度等）进行综合评估。

（2）贡献度奖励

对于贡献度高的用户，平台可以给予特殊荣誉，或邀请其参与平台决策、成为平台顾问等，以增强用户的归属感和荣誉感。

4. 合作与分享机制

（1）合作机会

平台可以积极寻求与行业内知名设计师、设计机构的合作机会，为优秀用户提供实习、就业、项目合作等机会。

（2）分享激励

鼓励用户分享自己的设计经验和技巧，对于分享内容受欢迎、产生广泛影响的用户，平台可以给予额外的奖励和宣传机会。

5. 社交互动激励

（1）社交关系构建

鼓励用户建立自己的社交圈，通过关注、添加好友等方式增强用户之间的互动性。

（2）社交互动奖励

对于在社交互动中表现活跃的用户，如积极回复他人问题、参与话题讨论等，平台可以给予积分、徽章等奖励。

（三）实施与监督

1. 规则宣传与教育

（1）规则普及

通过平台公告、用户指南、新手帮助等方式，向用户普及平台的管理规则和激励机制。

（2）教育培训

定期举办线上或线下的教育培训活动，提升用户对平台规则的理解和遵守意识。

2. 监督与执行

（1）日常监督

建立专门的监督团队或系统，对平台上的用户行为进行日常监督和管理。

（2）及时处理

对于发现的违规行为或问题，平台应及时进行处理和反馈，保证平台的正常秩序和用户体验。

3. 评估与优化

（1）效果评估

定期对平台的管理规则和激励机制进行评估，了解其实施效果和用户反馈。

（2）持续优化

根据评估结果和用户反馈，对管理规则和激励机制进行持续优化和调整，以适应平台发展的需要和用户的变化。

第四节 实践教学基地的建设与管理

一、室内设计实践教学基地的布局与设施配置

室内设计行业对具有扎实理论基础、丰富实践经验以及创新思维的设计人才的需求日益增加。为此，建设一个集理论学习、实践操作、创新研究于一体的综合性室内设计实践教学基地尤为重要。

（一）基地布局规划

1. 功能区域划分

室内设计实践教学基地应分为多个功能区域，以满足不同的教学和实践需求。主要包括教学区、实训室、创新研发区、图书馆和交流区。

（1）教学区

教学区分为理论教学区和实践操作区。理论教学区配备多媒体教学设备，如投影仪、电子白板等，方便教师进行教学演示；实践操作区则配备各类装饰设计工具和材料，如绘图板、设计软件等，让学生能亲自动手实践。

（2）实训室

实训室是学生进行实际操作的主要场所。根据不同的设计方向，设置多

个实训室，如家居设计实训室、商业空间设计实训室、软装设计实训室等。每个实训室应配备相应的专业设备和材料，如家具模型、装饰材料样品等。

（3）创新研发区

创新研发区是学生进行创新设计的地方。配备先进的设计软件和硬件设备，如3D打印机、虚拟现实设备等，让学生能够尽情发挥创意。

（4）图书馆

图书馆是学生自主学习的重要场所。图书馆应收藏大量的室内装饰设计专业书籍、期刊、电子资料等，供学生查阅。

（5）交流区

交流区是学生相互学习、交流的地方。设置休息区、讨论区等，让学生在轻松的氛围中分享自己的设计心得。

2. 建筑空间设计

基地的建筑空间设计应注重开放性和交流性，以提供开放且有利于交流的景观空间。

（1）清水房展示区

用于项目实践练习，以及完成室内空间设计相关课程教学活动。面积约为150平方米。

（2）施工实训区

展示施工过程，结构外露，满足建筑装饰施工技术教学要求。包括土建改造区（拆墙、砌墙，面积约30平方米）、水电路等隐蔽工程改造区（面积约30平方米）、砖工工作区（面积约30平方米）、木工工作区（面积约30平方米）和油漆工程区（面积约30平方米）。

（二）设施配置规划

1. 教学设施配置

（1）多媒体教学设备

教学区应配备高质量的多媒体教学设备，如投影仪、电子白板、触控一体机等，用于教师授课和演示。

（2）专业设计工具

实践操作区应配备各类装饰设计工具和材料，如绘图板、设计软件（如 AutoCAD、3Ds Max、SketchUp 等）、色彩样板等。

（3）移动白板

用于教学板书，方便教师随时记录和展示教学要点。

2. 实训室设施配置

（1）家居设计实训室

配备家具模型、装饰材料样品、家居设计软件等。

（2）商业空间设计实训室

配备商业空间布局模型、照明设计工具、商业空间设计软件等。

（3）软装设计实训室

配备软装材料样品、软装搭配工具、软装设计软件等。

（4）造型工艺实训室

配备造型工具、材料样品、造型设计软件等。

（5）金属工艺实训室

配备金属加工工具、金属材料样品、金属加工设计软件等。

（6）木工工艺实训室

配备木工工具、木材样品、木工设计软件等。

（7）家具工艺室

配备家具制作工具、家具材料样品、家具设计软件等。

（8）设计表现实训室

配备表现工具、表现材料样品、表现设计软件等。

（9）工程管理实训室

配备工程管理软件、工程管理工具等。

3. 创新研发区设施配置

（1）先进设计软件

配备 AutoCAD、3Ds Max、SketchUp、VRay 等，用于三维建模和渲染。

（2）硬件设备

配备3D打印机、虚拟现实设备、增强现实设备等，用于设计创新和展示。

（3）创新工具

配备创意画板、创意材料库等，用以激发学生的创新思维。

4.图书馆设施配置

（1）专业书籍

收藏大量的室内装饰设计专业书籍、期刊等。

（2）电子资料

提供电子书籍、在线课程、设计案例等电子资源。

（3）阅读设施

配备舒适的座椅、茶几等设施，供学生在阅读和讨论时使用。

5.交流区设施配置

（1）休息区

配备舒适的座椅、茶几等设施，供学生在休息和交流时使用。

（2）讨论区

配备圆桌、椅子等设施，供学生在进行小组讨论和交流时使用。

（3）展示墙

用于展示学生的设计作品和成果。

（三）管理与发展规划

采用企业化管理模式，对实训基地进行规范化管理，确保实训基地的高效运营。制定详细的管理制度，包括设备使用规定、安全规定、卫生规定等，确保设备得到安全和有序使用。采用"理论＋实践"的教学模式，让学生在理论学习的基础上，通过实践操作更好地掌握室内装饰设计的技能。同时，邀请行业内的知名设计师为学生举办讲座并进行实训指导，提高学生的专业素养。

与国内外多家知名设计企业建立合作关系，为学生提供实习和就业机会。

通过校企合作，共享优质教学资源和教学经验，提升学生的实践能力和就业竞争力。定期对实训基地进行评估和改进，确保实训基地始终处于行业领先地位。根据市场需求和学生兴趣，不断拓展教学内容和形式，如开设新的艺术课程、举办艺术比赛和展览等。

二、制定室内设计实践教学基地的管理制度与运营方案

室内设计实践教学基地作为培养高素质设计人才的重要平台，其管理制度与运营方案的科学性、系统性和有效性直接关系到教学质量和学生的成长。

（一）管理制度

1. 组织架构与职责划分

（1）管理委员会

由校方代表、行业专家、资深教师组成，负责基地的宏观规划、政策制定、资源配置等。

（2）教务处

负责日常教学管理，包括课程安排、师资调配、教学质量监控等。

（3）实训中心

负责实训室的管理、设备维护、实训项目组织与实施。

（4）学生事务部

负责学生日常管理、安全教育、实习就业指导等。

（5）后勤保障部

负责基地的环境卫生、设施维修、物资采购等。

2. 教学管理制度

（1）课程体系构建

结合行业标准与市场需求，定期更新课程体系，确保理论与实践相结合，注重培养学生的创新能力。

（2）师资管理

建立教师选拔、培训、考核机制，鼓励教师参与科研项目和企业实践，提升教学水平和实践能力。

（3）教学评估

实施多元化评价体系，包括学生评价、同行评价、自我反思等，定期进行教学反馈与改进。

（4）学分与成绩管理

建立科学的学分制度和成绩评定标准，确保评价的公正性和准确性。

3. 实训室管理制度

（1）设备使用规定

明确设备使用流程、操作规程、维护保养要求，确保设备安全高效运行。

（2）安全管理

制定实训室安全管理制度，包括紧急疏散预案、消防安全措施、化学品管理等，定期开展安全教育培训。

（3）材料管理

建立材料采购、存储、领用制度，确保材料的合理使用和成本控制。

（4）环境卫生

保持实训室整洁有序，定期进行清洁消毒，创造良好的学习环境。

4. 学生管理制度

（1）学籍管理

建立学生档案，记录学生的学习情况、实践经历、奖惩记录等。

（2）纪律管理

制定学生守则，明确学习纪律、行为规范，加强学风建设。

（3）实习就业指导

提供职业规划指导、实习机会推荐等服务，帮助学生顺利从校园过渡到职场。

（二）运营方案

1. 教学运营

（1）课程实施

采用线上线下相结合的教学模式，理论教学采用在线课程、直播授课等形式，实践操作则在实训室进行，强化学生的动手能力。

（2）项目驱动

引入真实或模拟项目，让学生在实践中学习，通过项目策划、设计、实施、评估等，提升综合设计能力。

（3）校企合作

与知名设计企业建立合作关系，开展联合教学、实习实训、项目合作，实现资源共享、优势互补。

（4）学术交流

定期举办学术讲座、设计论坛、作品展览等活动，拓宽学生视野，促进学术交流。

2. 实训运营

（1）实训项目规划

根据教学计划和学生兴趣，规划多样化的实训项目，涵盖家居、商业空间、公共环境等多个领域。

（2）实训过程管理

实行导师制，为每名学生配备专业导师，指导实训项目的选题、设计、实施，确保实训质量。

（3）成果展示与评价

组织实训成果展示会，邀请行业专家、教师、学生共同参与评价，对优秀作品的作者进行表彰或推荐其参赛。

（4）实训资源开放

在满足教学需求的前提下，向校内外开放实训资源，提供社会服务，增强基地的社会影响力。

3. 师资建设与培训

（1）师资引进与培养

通过公开招聘、校际交流、企业引进等方式，吸引高水平教师加入；定期组织教师培训，提升教师的教学能力和专业素养。

（2）教学团队建设

鼓励教师跨学科合作，组建教学团队，共同开发课程、教材，开展教学研究。

（3）激励机制

建立教师绩效考核制度，对教学成绩突出的教师给予奖励，激发教师的工作积极性和创造力。

4. 质量监控与持续改进

（1）教学质量监控

建立教学质量监控体系，通过学生评教、同行互评、教学检查等方式，定期评估教学质量，及时发现问题并整改。

（2）学生反馈机制

设立学生意见箱、在线反馈平台，鼓励学生提出意见和建议，作为改进教学和管理的重要依据。

（3）持续改进计划

根据教学质量评估结果和学生反馈，编制持续改进计划，包括课程体系调整、教学方法创新、实训条件改善等。

5. 资金管理与资源配置

（1）资金管理

建立严格的财务管理制度，确保资金使用合法合规、透明高效。合理安排教学、实训、科研等经费，提高资金使用效益。

（2）资源配置

根据教学需求和发展规划，合理配置教学设备、实训材料、图书资料等资源，确保教学资源的充足和有效利用。

（三）保障措施

1. 政策支持

争取学校、政府、行业组织的支持，为基地的发展提供政策保障和资金支持。

2. 技术支持

与科研机构、技术企业建立合作关系，引入先进技术和设备，提升基地的技术水平。

3. 社会参与

加强与社会的联系，吸引社会资金、资源投入，增强基地的自我发展能力。

4. 文化建设

营造积极向上的文化氛围，倡导创新、协作、奉献的价值观，提升基地的凝聚力和向心力。

三、组织室内设计实践教学活动，提升学生实践能力

在室内设计教育领域，实践教学是连接理论知识与实际操作的重要桥梁，对于培养学生的创新思维、动手能力和职业素养具有不可替代的作用。

（一）明确实践教学目标

开展实践教学活动之前必须先明确教学目标，包括知识目标、技能目标和素质目标三个层面。知识目标是巩固和深化学生对室内设计原理、材料工艺、设计风格等理论知识的理解；技能目标是提高学生的设计绘图、软件操作、空间规划、材料选择等实际操作能力；素质目标是促进学生的创新思维、团队协作、沟通协调等综合素质的发展。

（二）构建实践教学体系

将实践教学融入整个课程体系，形成"理论—实践—再理论—再实践"的循环教学模式。在基础理论课程之后，设置一系列实践导向的课程，如"室

内设计工作室""材料工艺实习""设计项目管理"等，确保学生在学习的每个阶段都能接触到实践内容。

建立校内实训基地，配备先进的设计软件、模型制作工具、材料展示区等，模拟真实的工作环境。同时，与校外设计公司、装饰企业建立合作关系，为学生提供实习实训基地，让学生能够在真实项目中学习和成长。引入实际设计项目或模拟项目，并将其作为实践教学的核心内容。项目应涵盖不同类型的空间设计，如住宅、商业、办公、公共空间等，让学生在实践中学习设计流程、解决实际问题，经历从概念构思到方案实施的全过程。

（三）实施实践教学策略

将学生分成小组，每组负责一个设计项目，模拟设计公司的工作模式。小组内部进行角色分工，如项目经理、设计师、绘图员、材料采购员等，增强学生的团队协作能力和角色意识。为每组学生配备经验丰富的导师，提供一对一指导，帮助学生解决设计过程中的难题。同时，定期邀请行业专家、知名设计师来校举办讲座，分享设计经验、分析行业趋势，拓宽学生的视野。

组织学生参观设计作品、材料市场、施工工地，进行实地考察和调研，让学生直观了解设计材料的性能、施工的流程，增强对设计实施过程的认知。鼓励学生参加国内外设计竞赛，通过竞赛激发学生的创作热情，提升设计水平。定期举办学生作品展示会，邀请校内外专家、师生共同评价，为学生提供展示自我、交流学习的平台。

（四）强化实践教学评估与反馈

建立过程性评价机制，关注学生的设计过程而不仅仅关注最终成果。根据设计日志、中期检查、小组讨论等，评估学生在设计过程中的思考、探索、合作情况，给予及时反馈和指导。

采用多元化的评价方式，包括自我评价、同伴评价、导师评价、客户评价（对于真实项目）等，确保评价的全面性和客观性。评价内容应涵盖设计能力、创新能力、团队协作能力、沟通能力等多个维度。根据评价结果，及时向学生提供具体的反馈意见，指出优点和不足，提出改进建议。同时，收集学生对实践教学的反馈意见，不断优化教学内容、方法和资源，提升实践教学的质量和效果。

（五）实践教学活动的拓展与创新

鼓励室内设计专业的学生与其他专业的学生（如建筑学、环境艺术、视觉传达等）进行合作，共同完成跨学科的设计项目，培养学生的综合设计能力和创新思维。加强与国际设计院校的交流与合作，组织学生参与国际设计竞赛、设计工作坊、海外实习等活动，开阔学生的国际视野，增强跨文化交流能力。

鼓励学生参与具有创新性的实践项目，如绿色设计、智能空间设计、文化遗产保护设计等，培养学生的社会责任感和创新意识。对于有创业意向的学生，提供创业指导和资源支持，帮助他们将设计成果转化为商业产品，培养学生的创业能力和市场意识。

参考文献

[1] 胡发仲. 室内设计方法与表现 [M]. 成都：西南交通大学出版社，2019.

[2] 凡鸿，李帅帅，姚婧媛. 3ds Max 室内设计操作与应用 [M]. 重庆：重庆大学出版社，2017.

[3] 徐丹，卢静，张亮. 计算机辅助室内设计实训教程 [M]. 北京：中国纺织出版社，2018.

[4] 郭林森，杨希博，马金鑫. AutoCAD 2016 中文版室内设计教程 [M]. 北京：中国青年出版社，2018.

[5] 王沛. 室内设计的发展应用 [M]. 成都：电子科技大学出版社，2015.

[6] 李远林，吕宙，吴志强. 室内艺术设计 CAD 制图案例教程 [M]. 合肥：合肥工业大学出版社，2021.

[7] 张日晶. AutoCAD 2015 中文版室内装潢设计 [M]. 北京：机械工业出版社，2015.

[8] 杨瀛. 基于生成式人工智能的室内设计专业教学建设探讨 [J]. 模具制造，2023（12）：100-106，109.

[9] 李文芳，王柔. 基于深度学习的室内空间展览环境设计初探：以室内农产品展览为例 [J]. 农业与技术，2023（20）：173-176.

[10] 汪大洋，罗晨. 人工智能与建筑室内设计中人性化关系探讨 [J]. 中文科技期刊数据库（引文版）工程技术，2024（10）：25-28.

[11] 徐宏，张健健. 人工智能时代室内设计课程教学改革的实践研究 [J]. 教育信息化论坛，2023（13）：9-11.

[12] 宋扬，蔡青，周旭婷. 人工智能背景下 OBE 理念在高职室内设计专

业教学中的应用 [J]. 大观, 2024（8）.

[13] 施吉祥, 陈建松, 张宁. 多智能体协同控制平台构建与实践课程设计 [J]. 科技风, 2024（18）: 43-45.

[14] 黄巧巧, 李敏, 王献合. 基于互联网+的智能管家机器人设计 [J]. 电子技术, 2020（2）: 88-89.

[15] 胡冰. 人工智能时代室内设计课程教学改革的实践分析 [J]. 科教导刊（电子版）, 2024（24）: 1-3.

[16] 陈明洁. 人工智能技术影响下室内设计教学改革与研究 [J]. 黑龙江画报, 2024（12）: 85-87.

[17] 肖成龙, 王珊珊. 生成式人工智能在软件设计模式课程教学中的应用 [J]. 计算机教育, 2024（11）: 161-166.

[18] 朱裕, 艾洁. 基于人工智能的室内设计专业教学改革研究 [J]. 模型世界, 2022（33）: 88-90.

[19] 李哲, 胡长深. 人工智能ChatGPT与电子商务教学中的模拟沙盘软件融合设计 [J]. 集成电路应用, 2023（12）: 102-103.

[20] 张天轶. 基于编程软件平台的人工智能场景化应用教学案例设计 [J]. 中小学信息技术教育, 2022（11）: 65-67.

[21] 郝鹏. 解析安全意识在建筑施工管理中的应用 [J]. 民营科技, 2016（3）: 117.

[22] 郑鹏, 柯晔伟. 基于人工智能和云平台管理的高校智能实训室建设 [J]. 科技风, 2020（32）: 3-4.